リベラルアーツ相対性理論

安達弘通

学術研究出版

はしがき

本書は、専門的な知識をもたない人向けの相対性理論の教科書です。相対性理論が生み出される土台となった力学や電磁気学の初歩的なことがらからブラックホールの話題まで、読者が、学問潮流のなかでの相対性理論の姿を思い描きながら、その主要な帰結や考え方を、読んで（紙と鉛筆をもたずに）学べるように、内容と構成が工夫してあります。

なかには見た目のむずかしそうな数式もでてきますが、前後には必ず式の意味や解釈が書いてありますから、高校数学がおぼつかない人や現役の高校生でも、話のすじを追って読み進めていくことはできるはずです。実際、本書の前半部分は、物理を勉強している高校生が一歩進んだ内容に触れるための読みものとして、また、大学で力学や電磁気学を履修している初年次生が理解を深めるための副読本として、手ごろなものと思います。

とはいえ、本書のメインゴールは相対性理論です。話は1章から順に組み立ててありますが、手短にゴールにアプローチしたければ、光速不変を扱う9章あたりから読み始めてもかまいません。1章から通読すれば、数学の基礎的な説明がおぎなわれるとともに、相対性理論がそれまでの科学の歩みの上に立って築かれたものであることが実感され、内容がより一層立体的に感じられることでしょう。

相対性理論に興味をもつ一般の方がその概要を知るためのガイドとして、また、これから相対性理論を勉強してみようと思う方が成書に取り組む前のブースターとして、小著がわずかなりとも役立つことを願っています。

令和６年　著者

Contents

第1章

運動をとらえる数学

座標と関数

物体の運動を科学的に扱うには、運動云々以前にそもそも物体がいまどこにいるのかということがあいまいさなく表現できなくてはなりません。そのためにまず、空間に座標系というものを考えます。基準になる場所、物体がいまいる場所とか、部屋の隅とか、どこか適当なところを原点に選び、原点で直角に交わる三つの座標軸、x 軸と y 軸と z 軸を設定すれば、とりあえず物体のいる場所を「原点から x 軸の方向にいくら、y 軸の方向いくら、z 軸の方向にいくら進んだところ」というふうに客観的に伝えることができます。

物体の運動は、その位置座標を時間の関数とみることによって数学的に表現します。関数というのは、たとえば $y = x^2$ や $y = \sin x$ などのことです。$y = x^2$ であれば、$x = 1, 2, 3, \cdots\cdots$ に対して $y = 1, 4, 9, \cdots\cdots$ となります。この $1, 2, 3, \cdots\cdots$ と変えていく方の数（x）を変数、それに応じて値が変わっていく方の数（y）をその変数の関数といいます。x と y のあいだにそんな変数と関数の関係があることを一般に $y = f(x)$、あるいは単に $y(x)$ と書きます。f はファンクション（function）の f です。なお、この $f(x)$ や $y(x)$ という記号は「変数の値が x のときの関数の値」という意味にももちいられます。たとえば、$y(2)$ は x が 2 のときの y の値という意味になります。

「位置座標を時間の関数とみる」というのは、何が変数で何が関数かというと、まず変数は時間です。ふつうこの変数は、time の頭文字である t で表します。時間が $t = 1$,

2, 3, ……と進むにつれて、物体の位置座標 x, y, z がどう変わるか変わらないかということで物体の運動のようすを表現するというわけです。ですから x, y, z が変数 t の関数です。先ほど書いた $y(x)$ という書き方で書くなら、$x(t), y(t), z(t)$ ということになります。この x は変数ではなくて変数 t の関数です。

ベクトル

物体がどこにいるかは x と y と z、三つ一組であいまいさなく決まります。空間が三次元であるといわれるのは、位置を指定するのに三つの値が必要だからです。このように三つ一組で表現される位置座標は、数学的にはベクトルとよばれる量で、x と y と z を括弧でくくって表します。くくられた一つひとつの数は、そのベクトルの成分といいます。

$$\begin{pmatrix} x(t) \\ y(t) \\ z(t) \end{pmatrix} = \boldsymbol{r}(t)$$

上では成分を縦にならべましたが、カンマで区切るなどして横にならべてもかまいません。位置はベクトルなので位置ベクトルとよぶこともあります。なお、ここでは時間の関数であることを明示するために「(t)」をつけて書きましたが、いろいろなものが時間の関数である（時間とともに変わっていく）ことはある意味ではあたり前のことなので、この「(t)」はゆくゆくは省略していきます[1]。

このようにいくつかの成分からなるベクトル量を、一つの物理量だということで一つの文字記号で表すときには、上の式の右辺に書いたように太文字のアルファベットをつかいます[2]。何の文字をつかうかは任意ですが、ここでは分野の慣例にしたがって位置ベクトルには r をつかうことにします。ベクトル記号（太文字）がでてくる文脈のなかで、そのアルファベットの細い文字（ふつうの文字）がでてきたら、それはそのベクトルの大きさを表すという暗黙のルールがあることもおぼえておきましょう。ベクトルの大きさは、直交成分（x, y, z 成分）の二乗和の平方根で計算される量で、位置ベクトルの大きさ $r=\sqrt{x^2+y^2+z^2}$ は、原点から物体までの距離を表します。

速度と微分

$y=x^2$ などの関数関係は、変数の値を横軸、関数の値を縦軸にとって、グラフとして表すことができます。たとえば $y=x^2$ という関数は、xy 平面上で放物線として表すことができます。位置座標を時間の関数で表すということは、物体の運動は、時間を横軸、位置座標を縦軸にとって、グラフとして表すことができるということです。

まっすぐ進む物体を考えてみましょう。物体が進んでいる直線に沿って x 軸をとり、いまいる場所を原点（$x=0$）、いまの時刻を $t=0$ とします。この物体が 10 秒かけて 100 メートル進んだとすると、その運動は $(t, x)=(0, 0)$ の点と $(t, x)=(10\ \mathrm{s}, 100\ \mathrm{m})$ の点をむすぶ線として表現することができます。s は秒、m はメートルです。

図 1.1 をみてください。①～③はいずれも 10 秒で 100

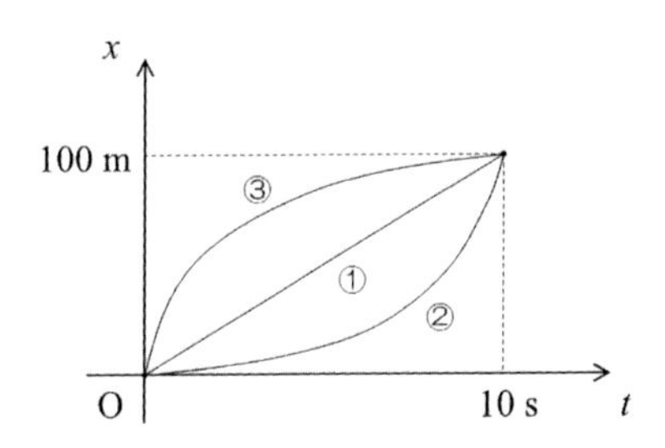

図 1.1　x 軸上を 10 秒で 100 メートル進む物体の運動のようすを表すグラフ.

メートル進む運動を表しています。①のグラフは直線で、1 秒あたり 10 メートルずつ進む運動を表しています。この運動の速さは 10 メートル毎秒です。10 メートル毎秒はこの直線の傾きです。

②、③はどうでしょうか。これも 10 秒で 100 メートル進む運動を表していることに変わりはありませんが、グラフが違うということは何かが違います。②ははじめゆっくりであとからだんだん速くなって結果的に 10 秒で 100 メートル進んだ場合、③は逆にはじめ速くてだんだんゆっくりになり最終的にやはり 10 秒で 100 メートル進んだときのグラフです。つまり②や③では速さが一定ではありません。では、②や③の場合の、そのときそのときの速さはグラフからどのように読みとったらよいでしょうか。

結論から先にお話しすると、上のグラフのように、位置座標の変化のようすを、時間を横軸とってグラフにして表したときのグラフの傾きが、速度というものの一つの定義です[3]。①の直線の傾きは 10 メートル毎秒ですが、それがこの運動の速さであることは先に確認した通りです。②や③では時々刻々速度が変わりますが、ある瞬間における速度は、その時刻におけるグラフの接線の傾きで与えられます。

そのこと（速度の定義）を式では

$$v_x(t) = \lim_{\Delta t \to 0} \frac{x(t + \Delta t) - x(t)}{\Delta t}$$

のように書きます。左辺は単に「速度は」ということです。速度（velocity）には一般に v の文字がつかわれます。いまはとりあえず x 軸方向の運動だけを考えているので下に小さく x と書きました。また、速度も一般に時間の関数なので「(t)」をつけてあります。右辺が、「時刻 t における、x 座標対時間のグラフの接線の傾き」ということなのですが、なぜそうなのか、一つひとつ説明していきます。まず、右辺にはいくつか Δt という記号がみえますが、この Δt は、速度を評価する時間間隔（時間の長さ）を表しています。t の前についている Δ（ギリシャ文字のデルタの大文字）は微小量を表すときにもちいる記号で、Δt で「微小な時間間隔」という意味になります。$x(t)$ は「時刻が t のときの x 座標」、$x(t+\Delta t)$ は「時刻が $t+\Delta t$ のときの x 座標」ですから、分子の部分は「時刻が t からほんのわずか Δt だけ経過するあいだに x 座標がどれだけ変化したか」を表しています。これで右辺の分数が時刻 t における x 座標対時間のグラフの傾きにだいたい等しくなることが読みとれたでしょうか。極限の記号（lim）は、②や③のようにグラフが曲線の場合に必要になるもので、一般にはいま説明した分数の$\Delta t \to 0$における極限が接線の傾きを与えることになります。①のようにグラフが直線で傾きが一定の場合には、lim はあってもなくても正しい傾きがでてきます。

さて、この lim…という右辺の形、どこかで見覚えのある人はいないでしょうか。じつはこれは、数学で微分とよばれる計算の定義になっています。右辺は、数学における微分の記号をつかって

$$\frac{\mathrm{d}x(t)}{\mathrm{d}t} \quad \text{あるいは} \quad \dot{x}(t)$$

などと簡潔に書くことができます。いずれも、「変数tの関数である$x(t)$を変数tで微分したもの」という意味です。数学では、グラフの接線の傾きをもとめる計算を微分とよんでいて、ここに書いたような表記法があるということです。また、一般に、微分によってもとまるものも同じ変数の関数であり、それをもとの関数の導関数といいます[4]。

表記法について補足をしておくと、dxやdtのdはさっきでてきたΔと同じで微小量を表すときにもちいられます。Δは微小だけれどもまだ有限な微小量、dはそれを無限に小さくしていった極限というニュアンスの違いがあります。そう思ってみると、x座標の変位Δxをその移動に要した時間Δtで割ってΔtを0にもっていった極限が$\mathrm{d}x/\mathrm{d}t$と書かれることは納得できるのではないでしょうか。なお、この$\mathrm{d}x/\mathrm{d}t$は、ディーエックス・ディーティーと上から読み下します。一方、この$\mathrm{d}x/\mathrm{d}t$を

$$\frac{\mathrm{d}}{\mathrm{d}t}x(t)$$

と書くこともあって、その場合には d/dt（同じく、ディー・ディーティーと読みます）は「変数 t の関数（いまの場合には $x(t)$）を変数 t で微分しなさい」という命令記号、微分演算の記号、といった意味合いになります。また、微分を勉強したことのある人は、$y=f(x)$ や $y(x)$ を x で微分したものを、$f'(x)$ あるいは $y'(x)$ といった具合に、d/dx のかわりにプライム（'）をつけて表す略記法を知っているかもしれません。この書き方に相当するのが、上にもう一つ書いた、x の上にドットをつける書き方です。プライムではなくドットをつかうのは、物理では数学と違って変数や関数にすべて物理的な意味があり、何を変数として微分するのかによって物理的な意味が変わってくるからです。時間で微分する、つまり、ほんの少しだけ時間が経過したときに物理量がわずかに増減する、その時間変化率をもとめる微分計算にはドットをつかうのです[5]。

さて、ここまでは物体がまっすぐ進む場合を想定して x 座標だけを問題にしてきました。一般には、x, y, z 三つで位置が指定され、それぞれに対していま説明したように速度が定義されます。三次元空間内でどちら向きにどんな速さで動くのかは、その三つ一組で情報が網羅されます。つまり、速度もベクトル量であり、式で書くなら、一般には次のようになります。

$$\begin{pmatrix} v_x(t) \\ v_y(t) \\ v_z(t) \end{pmatrix} = \boldsymbol{v}(t)$$

この速度ベクトルの向き（位置座標の x, y, z 成分が $\boldsymbol{v}_x : \boldsymbol{v}_y$

: v_z の割合で変化していく向き）が物体が進む向きであり、大きさ $v = \sqrt{v_x{}^2 + v_y{}^2 + v_z{}^2}$ が物体の実際の速さ、スピードを表すことになります[6]。

加速度

次に、速度とならんでもう一つ、このあとの話で重要になってくる、加速度とは何か、という話に移ります。とはいっても、ここまでのことが理解できていればむずかしいことはありません。同じような説明のくり返しです。

速度の定義は、位置座標を縦軸にとり時間を横軸にとって運動のようすをグラフで表したときの、グラフの（接線の）傾きということでした。それはまた、数学の微分という言葉をつかっていえば、位置座標を時間で微分したもの、位置座標の時間微分であったわけです。そのようにして定義された速度もまた時間の関数ですから、運動のようすの一つのまた別の表し方として、縦軸に速度（の成分）をとり横軸に時間をとってグラフで表すというやり方もあるわけです。

図 1.2 をみてください。速度の x 成分 v_x の時間変化を表すグラフの例です。先ほどのように物体が x 軸上を運動していると思ってもらってもいいですし、三成分あるなかの x 成分にだけいま着目していると思ってもらってもけっこうです。①は v_x が時間変化しない運動、②、③はだんだん大きくなったり、だんだん小さくなったりする運動です。物体が x 軸上を運動している場合であれば、①は一定の速さで進んでいる場合、②はだんだん速くなっていく場合、

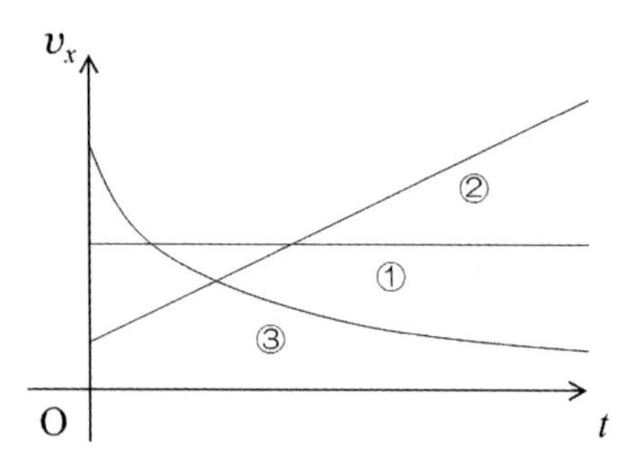

図 1.2　速度の x 成分が時間とともに変わっていくようすを表すグラフ.

③は減速している場合を表しています。

この、時間を横軸、速度を縦軸にとって描いたグラフの傾きが加速度です。①はグラフが水平で、その傾きは 0 です。速度が一定である場合の加速度は 0 だということです。②のように右上がりの場合、加速度は正、③のように右下がりの場合、加速度は負となります。また、③のように傾きの大きさが時間によって変化する場合には、接線の傾きがそのときそのときの加速度を表すというのも速度のときと同じです。

式で書くと、

$$a_x(t) = \lim_{\Delta t \to 0} \frac{v_x(t + \Delta t) - v_x(t)}{\Delta t} = \frac{\mathrm{d}v_x(t)}{\mathrm{d}t} \quad \text{あるいは} \quad \dot{v}_x(t)$$

となります。速度の定義式と形は同じで、ただ文字が変わっただけですね。加速度（acceleration）には一般に a の字をつかいます。とりあえず x 成分だけで話をしているので右下に x の添え字があります。加速度もまた一般に時間の関数ということで「(t)」としてあります。

さて、いま説明したことは、すなわち、加速度は速度を時間で微分したものだということです。しかしその速度自体が位置座標を時間で微分したものであったわけです。つまり、加速度は位置座標を時間で微分したものをもう一度時間で微分したものです。それを微分記号をつかって書くと

$$\frac{\mathrm{d}^2 x(t)}{\mathrm{d}t^2} \quad \text{あるいは} \quad \ddot{x}(t)$$

となります。位置座標の時間に関する二階微分（階段の階の字をつかいます）だとか二次の導関数というふうにいいます。左側の $\mathrm{d}/\mathrm{d}t$ をつかった書き方は、妙なところに「2」がありますが、これはもはや何かと何かの割合（分数）から派生したものではなく、$x(t)$ に対して微分の演算記号 $\mathrm{d}/\mathrm{d}t$ が二つ前置きされていて、それを形式的に分数のように書いてしまった書き方です。

$$\left(\frac{\mathrm{d}}{\mathrm{d}t}\right)\left(\frac{\mathrm{d}}{\mathrm{d}t}\right)x(t) \quad \rightarrow \quad \left(\frac{\mathrm{d}}{\mathrm{d}t}\right)^2 x(t) \quad \rightarrow \quad \frac{\mathrm{d}^2 x(t)}{\mathrm{d}t^2}$$

三階微分や n 階微分であれば、この 2 のところが 3 や n に変わります。ドットをつかった書き方は、プライムであれば二つプライムをつけるように、ドットを二つならべてつけます。

ここまで x 成分だけで説明してきましたが、一般には y, z 成分もあり、それぞれに対して加速度が定義されるということも速度の説明と同じです。ですから、加速度もベクトル量であり、三成分をひとくくりにして書けば、

$$\begin{pmatrix} a_x(t) \\ a_y(t) \\ a_z(t) \end{pmatrix} = \boldsymbol{a}(t)$$

となります。

おさらい

座標系を導入して数学的に表した物体の位置座標と速度、加速度の関係が理解できたでしょうか。それが微分というものであることが分かったでしょうか。

一つ具体例を考えておさらいをしてみましょう。x 軸上に物体があって、位置座標（x 座標）を縦軸に、時間を横軸にとってグラフを描いたら水平な直線になったとします。どういう状態か分かるでしょうか。水平ということは、時間によらずに位置座標がずっと一定なのですから、この物体は動いていないわけです。この状態を、速度（の x 成分）を縦軸に、時間を横軸にとってグラフにすると、速度はずっと 0 なのですから、グラフは横軸にぴったりかさなるはずです。ここで先ほどの話をふり返ってちょっと意識してほしいことは、速度のグラフが位置座標のグラフの傾きを表しているということです。位置座標対時間のグラフはいまの場合水平線で、任意の t に対して傾きはつねに 0 です。それをグラフ化したものが速度対時間のグラフだということです。

逆に、速度が時間変化しないときはどうでしょう。こんどは速度（の x 成分）を縦軸に、時間を横軸にとって描いたグラフが水平横一直線です。このとき、位置座標対時間

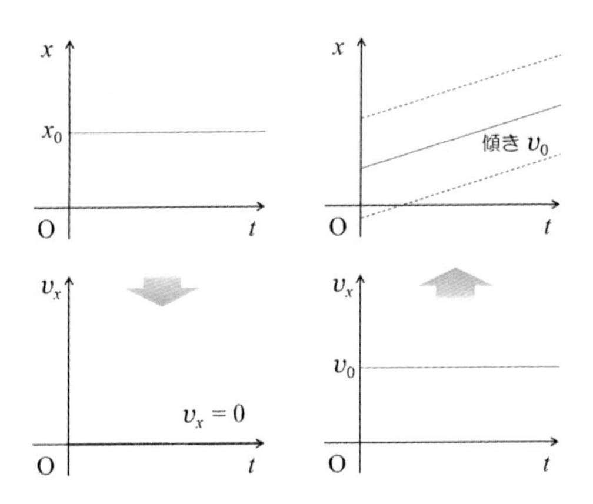

図 1.3　x 軸上にいる物体の位置座標対時間のグラフと速度対時間のグラフの対応．左側は位置座標が一定の場合、右側は速度が一定の場合．

のグラフはどんなグラフになるでしょうか。ある時刻における位置座標対時間のグラフの傾きが、その時刻における速度であり、その値がいま時間によらずつねに一定だというのですから、位置座標対時間のグラフは傾きが一定の直線だということになります。

ここで大切なことは、位置座標対時間のグラフが与えられれば、その傾きということで速度の値は決まるのに対して、速度対時間のグラフが与えられている場合には、速度をみて、その時刻における位置座標対時間のグラフの傾きは分かるけれども、位置座標そのものは分からないということです。いまの例でいえば、直線の傾きは分かっても、その直線が上の方（x が大きい方）にあるのか下の方（x が小さい方）にあるのか、どこで縦軸を切るのかは分からないということです。

グラフの傾きをもとめる計算を微分というのに対し、傾きの情報からもとのグラフを復元する計算を積分といい、復元された関数を原始関数といいます。微分と積分はそのように反対向きの計算ですが、まったくの逆演算ではなく、微分は誰がやっても任意性なくグラフが描けたり値がもとまるのに対して、積分の方はグラフの縦軸方向の値、関数値そのものに、定数（積分定数といいます）だけの任意性がともないます。この微分と積分の話はこのあともたびたびでてきます。少しずつ理解を深めていきましょう。

［註］

1　変数が何であるかを表す関数記号のうしろのこの括弧の部分は、文脈上変数を明記した方が分かりやすい場合や$y(2)$のように具体的に変数の値を示す場合以外は、往々にして省略されます。

2　ベクトルの表し方には$\vec{r}$のようにアルファベットの上に矢印をつける表記法もありますが、本書ではより一般的な太文字をつかった書き方で進めます。

3　速度という言葉自体は、ある量の変化のようすを、時間を横軸とってグラフ化したときのグラフの傾きを表すのに広くもちいられます（「昇温速度」など）。

4　この文章がいっているのは、「一般には、グラフの接線の傾きも変数によって変化するものであり、その接線の傾きを関数値とするような新たな関数のことを、もとの関数の導関数といいます」ということです。

5　歴史的には、dはライプニッツ、ドットはニュートンがもちいた記法で、微分法はこの二人によってそれぞれ独立に、ほぼ同時期に発明されたとされています。プライム記号は、のちに力学理論を解析的な形に整序したラグランジュという人がもちいた記法です。物体の運動の理論、とくに微分法をもちいたその記述は、あるとき突如としていまあるような形に体系化されたわけではなく、多くの人たちの手で百年以上の歳月をかけて形づくられていったものです。ニュートンやライプニッツやラグランジュは、そこで重要な役割を果たした代表的な人物です。

6　このようにベクトルに対しては向きと大きさを考えることができ、向きと大きさを指定すれば成分の値がきまることから、ベクトルは向きと大きさをもつ量だともいわれます。

第2章

ニュートンの運動の法則

力について

物体にはたらく力を、その物体の速度や加速度との関係が語れるぐらいにあいまいさなく表現するためには、一般に三つのことをいわなくてはならないとされています。力の向きと大きさ（強さ）と作用点です。作用点というのは力が作用する場所のことで、向きと大きさが同じでも、どこに力がかかるかで物体の動き方や変形のし方が変わる場合があるので、一般には作用点の情報も必要になります。力は向きと大きさをもつ量であり、速度や加速度と同様、数学的にはベクトルとして扱われます。

物体に力がはたらいている状況を図で表現するときには、上記の三要素を意識して力は矢印で表します。矢印の向きで力の向きを表し、矢印の長さで力の大きさを表し、矢印の始点（矢印をどこから書くか）で力の作用点を表します。

例として重力 $\boldsymbol{W}$ を考えてみましょう。力（force）にはFの文字をあてることが多いのですが、力の種類によっては、それと分かるように固有の文字をつかう場合もあり、重力は $\boldsymbol{W}$ と書かれることが多いので、ここでも $\boldsymbol{W}$ としておきます。ウェイト（weight）のwです。

まず、重力の向きは下向きです。鉛直下向きともいいます。重力の大きさは、その物体の質量に比例します。重力の大きさ W が物体の質量 m に比例することを、式で

$$W = mg$$

と書きます。比例関係にある二つの量 x と y のあいだには、定数 k をもちいて、$y = kx$ という式が成り立ちますが、m

と W のあいだの比例定数は慣例的に g と書いて m のうしろにおきます。作用点については、重力の場合、物体の重心を作用点とみなせばよいことが知られています。重心というのは重さの中心のことで、そこを支えるとバランスがとれる場所のことをいいます。以上を図にすると、こんな感じになります（図 2.1）。

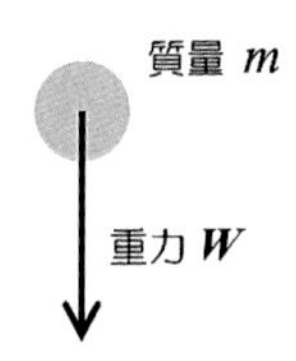

図 2.1　重力の図示のし方．

ここからさらに何かを計算するような場合には、座標系を参照して、力の向きと大きさを成分の値に落とし込んで分析を進めます（その具体例は次章でみます）。

第一法則：慣性の法則

物体の速度や加速度とその物体にはたらく力との関係をまとめたものに、ニュートンの運動の法則というものがあります。これから述べるのはその現代的な解釈で、ニュートン自身の理解のし方、説明のし方とは異なっている部分もありますが、のちにこのようなかたちにまとめられていく基礎を築いたということで、ニュートンの運動の法則とよばれています。全部で三つあります。

一番目の法則は、力がはたらかないとどうなるかという法則です。力がはたらかない場合には、物体の運動状態は変わりません。力がはたらかないかぎり止まっているものが動き出さないのは取り立てていうほどのことでもないように思うかもしれませんが、運動状態が変わらないということは、もともと動いているものは力がはたらかないかぎりそのまま同じ向きに同じ速さで動きつづけるということを意味しています。はたらきかけを受けないかぎりそのままの状態を維持しつづけようとする傾向のことを一般に慣性といい、この第一法則は別名、慣性の法則とよばれています。

力がはたらかないかぎり動きつづけるということは、素朴な感覚としては（教育を受けていない人や小さなこどもにとっては）かなり理解しづらいもののようです。たとえば、石を放り投げたときに、手が石からはなれるまでは手が石を押しているのですからいいとして、手がはなれたあと、空中に放り出された石はなぜ動きつづけるのでしょうか。昔むかしは、放り出される瞬間に手から石に生命力が付与されて、前へ前へと進んでいくのだけれども、ついには力尽きて下に落ちるのだ、とか、石は空気をかきわけて進み、そのかきわけられた空気が石の後方にまわって石を前に押し出すことで進みつづけるのだ、とか、いろいろな説明があったようです。いまでは宇宙空間を探査機や小惑星がぷわぷわと漂う映像やCGをみる機会もあるので、慣性ということをいわれても、ああそういうことかと違和感なく納得できるかもしれませんが、そういうもののない時代に慣性という概念がつかみとられたことは、人類の自然理解における偉大な一歩だったといっていいでしょう。

歴史的なことをもう一つつけ加えておくと、地球が動いているということが昔はなかなか受け入れられなかったのも、一つにはこの慣性への無理解ということがあったようです。地球が地軸のまわりを一日に一回転しているとすると、地面はどれぐらいのスピードで動いていることになるでしょうか。地球の半径をおおざっぱに 6,400 キロとすると、24 時間でぐるっと一周するのですから、赤道上では、$2\pi \times 6{,}400\mathrm{km} \div 24\mathrm{h}$、$2\pi$ を 6 として概算すると、ざっと時速 1,600 キロほどになることが分かります。赤道上でなく日本あたりでも優に一千キロ（リニアがすれ違うぐらい）は超えます。時速一千キロで振り回されているにしては、たとえば、木の枝に鳥が必死の形相でつかまっていて、意を決して飛び立ったその瞬間に自転と反対向きにものすごい速さでぴよぴよぴよーっ（たすけてー！）と飛んでいくかというと、そんなことはありません。走り幅跳びで、東から西に踏み切るのと、西から東に踏み切るのとで、結果に大きな違いが出るという話も聞いたことがありません。そうした身のまわりのできごとと地球が動いているということとを矛盾なく理解するためには、慣性ということが理解されていなくてはならないのです。そしてそれは、十七世紀ごろになって、ガリレオやデカルトやニュートンといった人たちによって見抜かれていったことがらなのです[7]。

第二法則：運動方程式

力がはたらかないかぎり運動状態が変わらないということは、裏を返せば、運動状態を変える物体には力がはたらいているということです。それを次のように数量的な関係としてまとめたものが二番目の法則です。

$$m\boldsymbol{a} = \boldsymbol{F}$$

m が物体の質量、$\boldsymbol{a}$ が加速度、$\boldsymbol{F}$ が物体にはたらく力で、この式は運動方程式とよばれています。

運動の向きと速さを表すのは速度ベクトルで、そこに変化があらわれるということは、加速度が生じるということです。つまり、力を受けるということは加速度が生じるということであり、逆に、加速度が生じる（速度に変化があらわれる）ということは何らかの力を受けているということです。この二つ（のベクトル量）が、物体ごとに比例定数の値（m）は異なるけれども、向きもふくめて比例関係にある、というのがこの式の意味するところです[8]。

この式から、質量 m が大きなものほど、同じ力 $\boldsymbol{F}$ を受けても運動状態の変化（加速度 $\boldsymbol{a}$）が小さいことが分かります。また、質量 m が大きなものほど、同じだけの運動状態の変化（加速度 $\boldsymbol{a}$）を引き起こすためには大きな力 $\boldsymbol{F}$ を必要とすることが分かります。つまり、この質量は、第一法則のところで述べた、慣性の大きさ、状態の変わりにくさを表しているのです。慣性質量ということもあります。

物体の運動状態を表す物理量として運動方程式のなかにあからさまにあらわれているのは加速度ですが、前の章でみたように、加速度と速度と位置座標はすべて微分積分の関係でつながっていますから、物体のおかれた状況（その物体にどんな力 $\boldsymbol{F}$ がはたらいているか）をモデル化して運動方程式を解くことで、加速度がどうなっているかということだけでなく、どこをどんな速さで動いていくかといった、運動のようす全般が見通せることになります。だから運動方程式なのです。

第三法則：作用・反作用の法則

最後、三番目の法則は、前の二つとは少し趣の異なる法則です。物体 A が物体 B に力を及ぼすとき、物体 B から物体 A に対しても必ず力がはたらきます。手で何かある物体に触れたときに、そこに物体があるという感覚が手に生じるのは、物体から手に力が及ぼされるからです。このとき、A が B に及ぼす力 $\boldsymbol{F}_{\mathrm{B}\leftarrow\mathrm{A}}$ と、B が A に及ぼし返す力 $\boldsymbol{F}_{\mathrm{A}\leftarrow\mathrm{B}}$ とは、大きさが同じで向きが逆だ、というのが三番目の法則です。式で書けば、

$$\boldsymbol{F}_{\mathrm{B}\leftarrow\mathrm{A}} = -\boldsymbol{F}_{\mathrm{A}\leftarrow\mathrm{B}}$$

です。この二力の関係を作用・反作用といいます。第三法則は別名、作用・反作用の法則といいます。

図 2.2 に示した絵は手でボールをもっているところです。ボールにはたらく力を考えてみましょう。まず、重力 $\boldsymbol{W}$ が下向きにはたらいています。ボールにはたらく力が重力だけなら、ボールは下向きに動き始めてしまいます（運動方程式によれば下向きに加速度が生じます）が、手でボールを支えているので、手が支える力と重力の効果とが打ち消し合って、ボールはそこにとどまることができて

います。この手がボールを支える力 $\boldsymbol{F}_{ボール←手}$ と重力 $\boldsymbol{W}$ とは、大きさが同じで向きが反対ですが、作用・反作用ではありません。一つの物体にはたらく二つの力が、大きさが同じで向きが反対である状況は「力がつり合っている」といいます。作用・反作用は、一つの物体にはたらく二力の話ではなくて、二つの物体のあいだで及ぼし及ぼされる力の関係です。いまの例でいうと、手がボールを支えているとき、ボールから手に対しても力がはたらいています。手にズシっとした感覚を伝えているのは、この力です。この、ボールが手に及ぼす力 $\boldsymbol{F}_{手←ボール}$ と手がボールを支える力 $\boldsymbol{F}_{ボール←手}$ とが、大きさが同じで向きが反対だ、というのが作用・反作用の法則です。

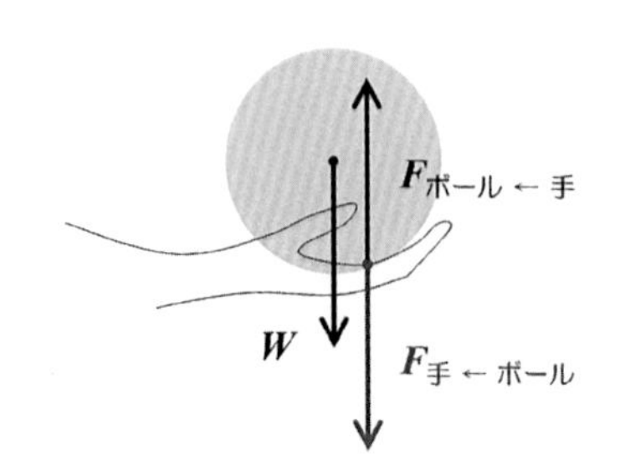

図 2.2　力のつり合いと作用・反作用（各力の作用点は一点で代表させ、矢印はずらして見やすく描いています）.

慣性系とは

以上、運動の法則とよばれる三つの法則について説明しましたが、最後に一つコメントをつけ足しておきます。運動方程式（第二法則）で $\boldsymbol{F}=0$ とおいたものが慣性の法則

（第一法則）を表すわけですから、第一法則は第二法則の特殊な場合であって、$\boldsymbol{F} = 0$ の場合をことさらに第一法則として分けて書く必要はないのではないか、と思った人はいないでしょうか。コメントというのは、その第一法則の存在理由についてです。

第一法則や第二法則で問題にしている速度や加速度は、前の章でも定義を確認したように、座標系に依存した量です。原点がどこなのか、地球の中心なのか太陽の中心なのか宇宙空間のどこかなのか、によって、物体の位置座標や速度や加速度は一般には変わります。じつは第一法則は、慣性の法則を成り立たせるような座標系がある、そんな座標のとり方ができる、ということを合わせて主張しています。第二法則や第三法則が成り立つのは、そのような座標系で物事を考えた場合のことであり、運動の法則の全体を成り立たせる座標系の存在、選択可能性ということが、まず、第一法則でいい立てられているのです。この、運動の法則が成り立つ座標系のことを、専門的には、慣性系といいます。

しかし、先ほどの第一法則や第二法則の説明には、座標系がどうでなければならないといった記述は一切なく、それでも読んでいてこれといって不都合な感じはしなかったのではないかと思います。それはじつは、みなさんが頭のなかで無意識に想定した、身のまわりのどこかに原点を据えて、定まった方角に x 軸と y 軸と z 軸を設定した座標系が、人間の感覚としては限りなく慣性系（運動の法則を成り立たせる座標系）に近いからなのです。しかし地上に固定した座標系は、ほんとうは地軸のまわりを旋回するなどの特殊な動きをしていて、そのような座標系でみた物体の運動には、厳密には、運動の法則からのズレがあらわれます[9]。

次章では、運動方程式をつかって重力のもとでの物体の運動のようすをみてみますが、運動方程式をつかって考えるということは、座標系はあくまで慣性系であることを前提としている、ということになります。そのような議論がなぜ意味をもつのかというと、それは、物がどう落ちるかというような身のまわりの秒単位のできごとを記述する程度なら、地上に固定した座標系を慣性系とみなしてしまってかまわない、その違い（慣性系からのズレ）が人間には分からないからなのです。次章以降しばらくは、座標系が慣性系かそうでないかといったことにはいちいち言及せずに、座標系は暗に慣性系として話を進めていきますが、この問題はずっとあと、11章でもう一度問題になります。

［註］

7　しかし、このころの「慣性」はまだ、外部から及ぼされる力に対峙するものとして物体自身がもっている内在力のようなとらえ方をされていたそうです。山本義隆著『古典力学の形成』（日本評論社、1997年）によると、慣性と力とをすっかり切りはなして、いま考えられているような慣性の概念にはじめて到達した人物は、十八世紀のオイラーだということです。

8　運動方程式は、質量と加速度の積として力を定め、力と加速度の比として質量を定める、循環定義式です。私たちがふだん力として感じているもの、質量とよんでいるものが、この循環定義によってうまく表されます。日常ではあまりないかもしれませんが、このような考え方ではうまく対処できない事態に直面したときには、種々の概念を修正したり、拡張したり、放棄したりしなくてはなりません。力も質量も、身のまわりのできごとを理解するのに有効な、人間が考え出した言葉であり、概念です。少しむずかしい話ですが、あらゆる概念にはそれが適切に機能する範囲があり、適用の限界があるということを頭の片隅においておくと、この先を読み進めていくなかで理解の助けになることがあるかもしれません。

9　地球が自転していることのデモンストレーションとして1851年にフーコーによっておこなわれた「フーコーの振り子」とよばれる有名な演示実験があります。フーコーは、地上に固定した座標系で振り子の運動を長時間追跡していくと運動の法則からのズレがあらわれ、そのズレは地球が慣性系のなかで自転していると考えることでうまく説明できる、ということを示したのです。

第3章

重力下の運動

運動方程式のつかい方

重力によって物が落ちていく現象を、運動方程式をつかって考えてみましょう。落体の運動は、運動方程式のもっとも簡単かつ身近な適用例であると同時に、星の運行とともに、それを手がかりとして近代科学が成立していった、人類史的に（といっては大げさですが）重要な物理現象です。

考えるのは、重力$\boldsymbol{W}$がはたらいている以外、力を及ぼすものが何もないという状況です。まず座標系を設定します。どこか適当なところを原点として、都合のよい向きにx軸、y軸、z軸をセットします。いまの場合、重力が真下に向かってはたらいている以外とくに方向を規定するものはありませんから、座標軸の一つを重力の方向である鉛直方向（上下方向）に合わせることにします。そうすれば、重力の三つあるベクトル成分のうち二つ（水平成分）が0になって、方程式が簡単になります。ここでは、直感的な分かりやすさを考えて、z軸を上向きにとることにします。運動方程式は$m\boldsymbol{a}=\boldsymbol{F}$という式でした。その$\boldsymbol{F}$のところが、いま重力$\boldsymbol{W}$ただ一つですから、重力下における物体の運動を記述する運動方程式は$m\boldsymbol{a}=\boldsymbol{W}$となります。ただアルファベットの文字が変わっただけのようですが、いまの状況を表しているのは$\boldsymbol{W}$の中身、

$$\boldsymbol{W}=\begin{pmatrix}0\\0\\-mg\end{pmatrix}$$

です。この成分表示は、物体にはたらく力の向きがz軸の

負の向き（鉛直下向き）で、大きさが mg である（物体の質量に比例している）ことを表しています。この $m\boldsymbol{a} = \boldsymbol{W}$ という式を解いて得られる加速度や速度や位置座標の時間変化が、重力下における物体の運動の数学的な表現です。

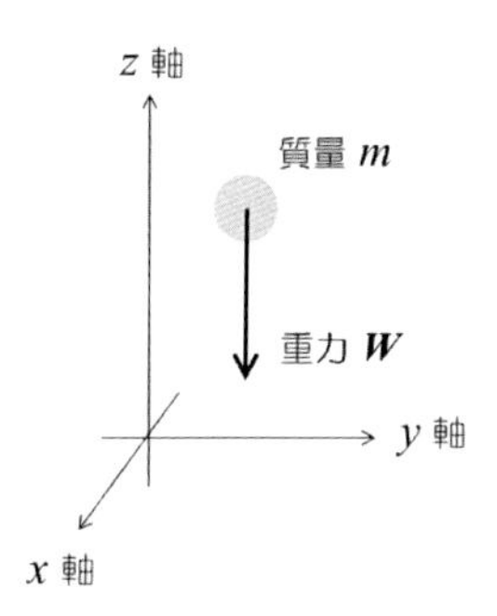

図 3.1　物体に重力だけがはたらいている状況.

解いてみましょう。$m\boldsymbol{a} = \boldsymbol{W}$ はベクトルの等式ですから、それをいま成分ごとに分けて書いてみます[10]。

$$\begin{aligned} ma_x &= 0 \\ ma_y &= 0 \\ ma_z &= -mg \end{aligned}$$

これらの式からただちに、

$$\boldsymbol{a} = \begin{pmatrix} a_x \\ a_y \\ a_z \end{pmatrix} = \begin{pmatrix} 0 \\ 0 \\ -g \end{pmatrix}$$

であることが分かります。つまり、重力だけを受けて運動している物体の加速度ベクトルは、つねに真下を向いていて、大きさが一定値 g だということです。ここにあらわれ

た g は、重力の大きさ W が物体の質量 m に比例する、その比例定数であったわけですが、じつは重力だけを受けて物が落下するときの加速度の大きさという意味をもっており、重力加速度とよばれています。値はおよそ 9.8 メートル毎秒毎秒であることが、測定をしてみると分かります。

次に、速度についてはどんなことがいえるでしょうか。速度がどんなふうに向きや大きさを変えていくかは、数学的には、速度ベクトル $\boldsymbol{v} = (v_x, v_y, v_z)$ の各成分がそれぞれどんな時間の関数になっているかで表されます。そして、速度と加速度が微分積分の関係でつながっていることを思い出せば、それがどんな関数であるかはいまもとめた加速度の表式から導出することができます。

加速度の x, y 成分が 0 だということは、速度の x, y 成分は時間を横軸にとってグラフにすると傾きが 0 の直線、式でいえば時間 t によらない定数だということです。加速度の z 成分が $-g$ だということは、速度の z 成分は時間を横軸にとってグラフにすると、傾きが $-g$ の直線、式でいえば一次の係数が $-g$ の一次式だということです。ただし、加速度は速度の時間微分、速度対時間のグラフの傾きですから、加速度から速度の値そのものを決めることはできません。定数だという速度の水平成分の値そのもの、一次式だという速度の鉛直成分の定数項の部分は、いまのところ任意の定数であるということしかいえません。

以上を式としてまとめると

$$\boldsymbol{v}=\begin{pmatrix}v_x\\v_y\\v_z\end{pmatrix}=\begin{pmatrix}C_x\\C_y\\-gt+C_z\end{pmatrix}=\begin{pmatrix}0\\0\\-gt\end{pmatrix}+\boldsymbol{C}$$

となります。C_x, C_y, C_z がその任意定数の部分で、それぞれ同じである必然性はありませんから、x, y, z の添え字をつけて区別してあります。時間に依存する部分と依存しない部分とに分けて書けば最右辺のような形に書くことができます。つまり、重力だけを受けて運動する物体の速度ベクトルは、1 秒あたり g ずつ長くなっていく下向きのベクトル $(0, 0, -gt)$ と時間によらない任意の定ベクトル $\boldsymbol{C}=(C_x, C_y, C_z)$ の足し合わせ、ベクトル和で表せるということです。

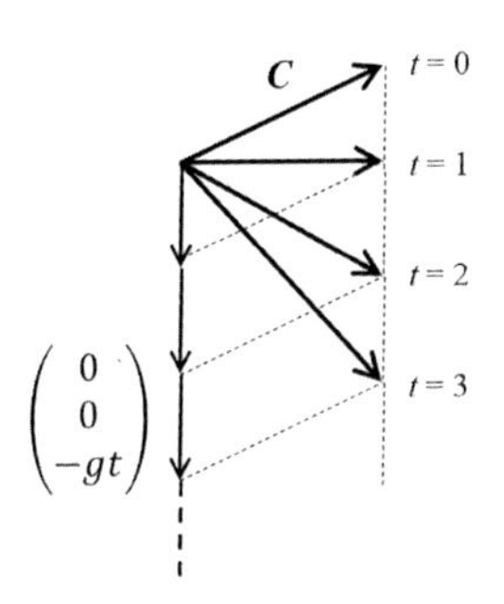

図 3.2　落体の速度ベクトルの時間変化（“ベクトル和”は、足し合わせる二つのベクトルを表す矢印を二辺とする平行四辺形の対角線の向きと大きさをもつ矢印として表されます）.

さらに、位置座標の時間変化についても、いまもとめた速度の時間変化のようすから同じようにしてたどっていくことができます。速度の x, y 成分が C_x, C_y だということは、位置座標のx, y成分は時間を横軸にとってグラフにすると傾きがC_x, C_yの直線、式でいえば一次の係数がC_x, C_yの一次式だということです。速度のz成分が1秒あたりgずつ減っていくということは、位置座標のz成分は時間を横軸にとってグラフにすると傾きが1秒あたりgずつ減っていく曲線であり、その式は、変数tで微分したときに$-gt+C_z$という一次式になる式だということです。

微分したときに$-gt+C_z$という一次式になる式は、次のような微分の公式を知っていれば書き下すことができます（微分計算についての一般的な話は変数をxとして記述します）。

$$x^n \xrightarrow{\text{微分}} nx^{n-1}$$

たとえば、x^2は微分すると$2x$、x^3は微分すると$3x^2$になります。x^2の微分が$2x$だということの意味は、x^2のグラフである放物線の接線の傾きを、$x=0$のところでは0、$x=1$のところでは2、$x=2$のところでは4、……、とずっとつないでいくと、傾きが2の直線$2x$になる、ということです。接線の傾きの計算（微分計算）が必要になるたびに微分の定義にまでさかのぼって極限の計算をするのは現実的ではないので、主だった関数については微分したらどうなるかということを予め「公式」としておぼえておくのです。この公式によれば、一般に多項式とよばれる一次式、二次式、三次式、……、は、微分すると次数が一つ下がることが分かります。変数tで微分して$-gt+C_z$という一次式になるのは二次式で、その二次、一次、定数のところが微分するとそれぞれ一次、定数、0になります。あとは、各項の係数がどうなっていれば微分したときに$-gt+C_z$になるかを考えればよいのです。

答えを三成分まとめて書くと、結局、位置座標の時間変化を表す式は、

$$\boldsymbol{r}=\begin{pmatrix}x\\y\\z\end{pmatrix}=\begin{pmatrix}C_x t+D_x\\C_y t+D_y\\-\frac{1}{2}gt^2+C_z t+D_z\end{pmatrix}=\begin{pmatrix}0\\0\\-\frac{1}{2}gt^2\end{pmatrix}+\boldsymbol{C}\,t+\boldsymbol{D}$$

となります。$\boldsymbol{D}=(D_x, D_y, D_z)$ は任意の定ベクトルです。上の微分の公式をつかって、これらの式を微分して正しく速度ベクトルの式がでてくるか、確かめてみてください。

さて、運動方程式から分かるのはここまでです。ここまでが「運動方程式を解く」というプロセスです。これで、重力だけを受けている物体がどう運動するか（時間とともにどう位置を変えていくか、速度や加速度の時間変化にどんな特徴があるか）が一応解けたということになります。解けたというわりには、任意定数が$C_x, C_y, C_z, D_x, D_y, D_z$と六個もあって、「解けたっ！」という感じはあまりしないかもしれませんが、いい方を変えれば、重力だけを受けているかぎり、上に投げても横に投げても斜めに投げても、速度なり位置座標なりのその後の時間変化は必ずやこの関数形におさまるということが分かったのです。

自由落下と水平投射

六個の任意定数$C_x, C_y, C_z, D_x, D_y, D_z$は、重力だけを受けているというこれまでの状況設定に加えて、ある時刻に

おける位置や速度が決められていると、それに合うように値が定まります。たとえば、$t=0$という時刻を考えてみましょう。速度の一般式に$t=0$を代入すると一次の項が消えて定数項だけがのこりますから$\boldsymbol{v}(0)=\boldsymbol{C}$、位置の一般式に同じく$t=0$を代入すると二次の項と一次の項が消えてやはり定数項だけがのこりますから$\boldsymbol{r}(0)=\boldsymbol{D}$となります。つまり、$\boldsymbol{C}$と$\boldsymbol{D}$は$t=0$のときの速度および位置座標（初期条件といいます）という物理的な意味をもっているのです。それが具体的に指定されていれば、その後どんな運動をするか、どんなふうに落ちていくかは任意性なく確定します。

高いところから手をはなして物体を落下させる、自由落下とよばれるケースを考えてみましょう。物体をつかんでいた手をはなす瞬間を$t=0$として、そのときの物体の位置座標を$(0, 0, h)$とすると、手をはなした瞬間の速度は0ですから、$\boldsymbol{C}$が0ベクトルで$\boldsymbol{D}$が$(0, 0, h)$ということになります。運動方程式を解いて得られた速度と位置座標の一般式の$\boldsymbol{C}$と$\boldsymbol{D}$のところにこれらの値をいれれば、それぞれの時間変化を表す式が

$$\boldsymbol{v}=\begin{pmatrix} 0 \\ 0 \\ -gt \end{pmatrix}, \quad \boldsymbol{r}=\begin{pmatrix} 0 \\ 0 \\ -\frac{1}{2}gt^2+h \end{pmatrix}$$

と具体的にもとまります。まっすぐ下に落ちていくというただそれだけの現象ですが、このように式が分かれば、そこからいろいろなことを計算でもとめていくことができます。たとえば、地面（xy平面）にぶつかるまでの時間t_0が

知りたければ、それは z 座標が 0 になる時刻ですから、

$$z(t_0) = -\frac{1}{2}g{t_0}^2 + h = 0$$

$$\therefore \quad t_0 = \sqrt{\frac{2h}{g}}$$

ともとめることができます。g を大ざっぱに 10 メートル毎秒毎秒と考えれば、h が 5 メートルなら 1 秒、20 メートルなら 2 秒、45 メートルなら 3 秒、……、と概算できます。

もう一つ別の初期条件を考えてみましょう。こんどはさっきと同じ場所 $(0, 0, h)$ から真横に向かって投げてみます。水平投射といいます。水平面内で方向を差別化するものは投げたということ以外とくにありませんから、その方向を x 軸にして、初速度ベクトルを $(v_0, 0, 0)$ と表すことにします。$\boldsymbol{C}$ に $(v_0, 0, 0)$、$\boldsymbol{D}$ に $(0, 0, h)$ を代入すれば、こんどは

$$\boldsymbol{v} = \begin{pmatrix} v_0 \\ 0 \\ -gt \end{pmatrix} \quad , \quad \boldsymbol{r} = \begin{pmatrix} v_0 t \\ 0 \\ -\frac{1}{2}gt^2 + h \end{pmatrix}$$

となります。水平方向に投げたあと、曲線を描いて斜めに落ちていく、その数学的な表現がこれだというわけです。

読みとれることをいくつか指摘しておきましょう。まず、速度の x 成分ははじめに与えられた v_0 のまま変わりません。これは慣性の法則の一つのあらわれです。水平面内には力がはたらかないので速度の水平成分には変化があらわれません。一方、速度の z 成分は 1 秒あたり g ずつ絶

対値が大きくなっていきます。物体はもちろん x 方向と z 方向に分裂して飛んでいくわけではなく、それらをベクトルとして合成したものが実際の速度の向きと大きさを表すわけですが、いまの場合 x 方向と z 方向の方程式は独立なので（干渉しないので）、運動を x 軸に投影すれば慣性の法則が成り立ち、z 軸に投影すれば自由落下にみえるのです。もう一点、位置座標の式（任意の時刻 t における x 座標の式と z 座標の式）から t を消去すると、任意の時刻において成り立つ x と z の関係式がでてきます。

$$x = v_0 t \quad , \quad z = -\frac{1}{2}gt^2 + h$$

$$\rightarrow \quad z = -\frac{1}{2}g\left(\frac{x}{v_0}\right)^2 + h$$

これが水平に投げ出されたあとの実空間における道すじを表す式です。重力下で物体が描く軌跡がこのように二次式で表せることから、二次関数のグラフを一般に放物線とよぶことは、たぶんみなさんご存じでしょう。

さて、z 座標の式が自由落下と水平投射とで同じだということは、高さが同じなら下に落としても真横に投げても地面につくまでの時間は変わらないということです。道のりは明らかに違いますが（斜めの方が長い）、ほんとうでしょうか。こんなことを考えてみましょう。巡航速度 v_0 で水平に飛んでいる飛行機から地上に向けて救援物資が投下されたとします。地上にいる人からみると、これは水平投射と同じ状況で、物資は放物線を描いて地面に落下します。一方、飛行機のなかの人からみると、（空気の影響が無視できる場合には）物資はつねに飛行機の真下にあって、景色さえみえなければ、状況はまさに自由落下です。両者で着地までの時間が違っていてはおかしいですから、やはり自由落下と水平投射とで地面につくまでの時間は変わらないのです。じつはこのことは、最初に座標系を設定するときに、座標軸を地上に貼りつけても飛行機に貼りつけてもどちらでもかまわない、ということとつながっています。地上につくられた座標系と飛行機のなかにつくられた座標系は、どちらがよくてどちらがわるいということのない等価なものだ（どちらもほぼ慣性系とみなせる）、というところに事の本質があります。

二つの質量

　最後に、重力下の運動が物体の質量に依存しないということについて少し説明をしておきましょう。重いものと軽いものを同時に落とすと、重い方が先に落ちるということはなく、同じように落ちていくということはどこかで聞いたことがあるでしょうか。ガリレオがピサの斜塔で実験したとか、宇宙飛行士が月面で羽根と金づちを落として実演してみせたとか、そんな話を知っている人もいるかもしれません。今回運動方程式を解いて得られた答えをみると、たしかに、速度の式にも位置座標の式にも質量を表す m の文字はふくまれていません。同一の初期条件を与えれば、どんな質量の物体も同じところを同じ速さで動いていくのです（テニスボールを投げるのと同じように岩を投げることができるのかという現実的な問題はありますが）。

運動方程式にあったはずのmはどこでなくなってしまったのでしょうか。式をたどってmが消えた場所をさがしてみてください。重力の大きさをmgと表し、加速度をもとめるために辺々をmで割ったそのときに、方程式からmが姿を消しています。以降、いくら式をひねくりまわしてもmはでてきません。しかしじつは、ここにちょっとした問題があります。

$m\boldsymbol{a} = \boldsymbol{F}$の$m$は、前の章で説明したように、運動状態の変わりにくさを表す量で、慣性質量とよばれる量でした。一方mgのmは、物体が受ける重力に比例した量で、俗に物の重さといっているものです。慣性質量との区別をはっきりさせたいときには重力質量といいます。どちらもmと書きましたが、この二つはじつは経験に先立って同じであると決めてかかることのできない、定義の異なる量です。慣性質量と重力質量が違うものなら、$m\boldsymbol{a} = \boldsymbol{W}$の辺々をどちらかの$m$で割っても$m$が消えてなくなることはありません。ところが実際には、重いものも軽いものも同じように落ちていきます。つまり、自然のふるまいをみるかぎり、慣性質量と重力質量は同じである（か少なくとも比例している）ようにみえるのです。これはニュートン以来多くの人が頭を悩ました問題で、のちにアインシュタインはこの謎を手がかりにして新しい重力理論（一般相対性理論）を思いついたといわれています。

[註]

10　ベクトルの等式は、両辺のベクトルの向きと大きさがともに等しい場合に成り立ちます。ベクトルが等しいということは、各成分どうしが等しいということです。

第4章

円運動と万有引力

円運動と三角関数

重力の影響だけを受けて運動する物体の位置座標が、時間のたかだか二次式で表されることが分かりました。こんどはまたちょっと違う状況にある物体について運動方程式を立てて解いたところ、あるいは運動を観察して記録を整理してみたところ、位置座標が二つの定数 $R\,(>0)$ と ω（ギリシャ文字のオメガ）をつかって次のように表せたとします。さてこれはどんな運動でしょうか。

$$\boldsymbol{r}(t)=\begin{pmatrix}x\\y\end{pmatrix}=\begin{pmatrix}R\cos\omega t\\R\sin\omega t\end{pmatrix}=R\begin{pmatrix}\cos\omega t\\\sin\omega t\end{pmatrix}$$

三つあるはずの成分が二つしか書かれていない（z 座標が書かれていない）のは、この物体が平面内を動いているからです。空間は三次元ですから一般には三成分あるわけですが、たとえば直線運動ならその直線上に座標軸をとってその成分がどう時間変化するかを考えれば十分です。他の二成分はあるけれどもずっと一定（0）だと思ってもいいでしょう。自由落下はまさにそんな状況で、前の章では三成分をすべて書きならべて話を進めましたが、ほんとうは鉛直成分（z 座標）だけを気にすれば済む話です。水平投射は、最初に投げた方向と鉛直方向とで張られる平面内に行き先が限られていますから、同じく、その平面上の二つの座標（x, z 座標）だけを考えれば十分です。上の式で表される運動もそんな平面内に閉じ込められた運動です。どんな運動か分かるでしょうか。

位置座標が具体的に時間の関数として書かれているのですから、そこに $t=0, 1, 2, 3, \cdots\cdots$ と入れていけば、はじめどこにいて、次はどこで、その次はどこで、……、というふうに、どこをどんな速さで進んでいくか確かめることができます。$t=0$ を入れると、$\cos 0=1$、$\sin 0=0$（すぐあとで説明します）ですから、はじめ物体は x 軸上の $(R, 0)$ というところにいることが分かります。それが、t が 1 進むと、$(R\cos\omega, R\sin\omega)$ に移動します。これはどこかというと、原点を中心とする半径 R の円と、原点から x 軸とのなす角が ω の方向に引いた半直線との交点です（図 4.1）。

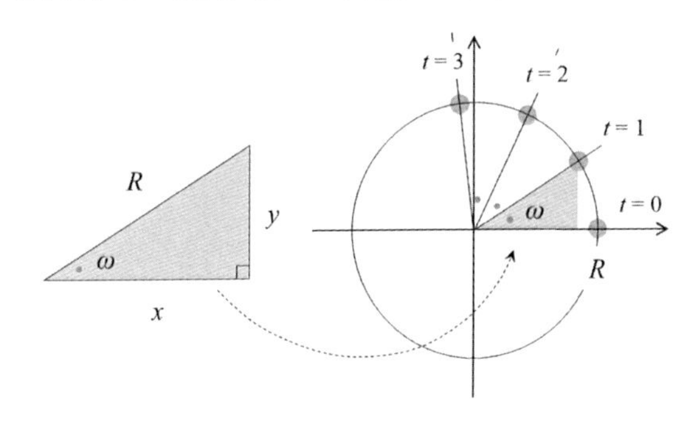

図 4.1　等速円運動.

$\cos$（コサイン）、$\sin$（サイン）は、三角比とよばれる、直角三角形における辺の長さの比を表す記号としておぼえている人が多いかもしれません。図 4.1 の左側にあるような直角三角形を考えると、x/R が $\cos\omega$、y/R が $\sin\omega$ です。この直角三角形と同じものを右側の円のなかにみつければ、底辺の長さ x が $R\cos\omega$ であり、高さ y が $R\sin\omega$ ですから、t が 1 のときの位置がいま述べたような円と半直線の交点であることが分かります。$t=2$ のときはこの ω のと

ころが 2ω になり、$t=3$ では 3ω になります[11]。つまり、この物体は半径 R の円周上をぐるぐる回っているのです。

位置座標を縦軸、時間を横軸にとって描いたグラフの傾きを速度とよぶのに対して、回転運動の回転角を縦軸、時間を横軸にとって描いたグラフの傾きのことを、角度の速度ということで、角速度といいます。いまの場合、回転角は ωt ですからグラフは傾きが ω の直線になります。この運動は角速度が一定（ω）の円運動で、等速円運動といいます。

さて、位置座標の式が具体的に分かっているのですから、それを時間で微分すれば、速度ベクトルの時間変化を表す式をもとめることができます。三角関数[12]の微分はできるでしょうか。「公式」は、

$$\begin{array}{ccc} \sin x & \xrightarrow{\text{微分}} & \cos x \\ \cos x & & -\sin x \end{array}$$

です（ここも一般的な微分計算の話なので、変数は x として記述します）。サインとコサインは微分すると入れ替わって、コサインがサインになるときに符号が変わります。苦もなくおぼえられそうな規則性ですが、一応説明しておくと、やっていることは相変わらず、グラフの接線の傾きをつないでいくという操作です。図 4.2 に示した $\sin x$ と書いてあるグラフをみてください。サインのグラフは横軸に沿ってへびのようににょろにょろと山と谷をどこまでも繰り返していくグラフです。原点での傾きが 1、変数（角度）が増えるとだんだん傾きが小さくなり $x=\pi/2$（90°）で山のてっぺん、傾きが 0 になります。そこを越えるとこ

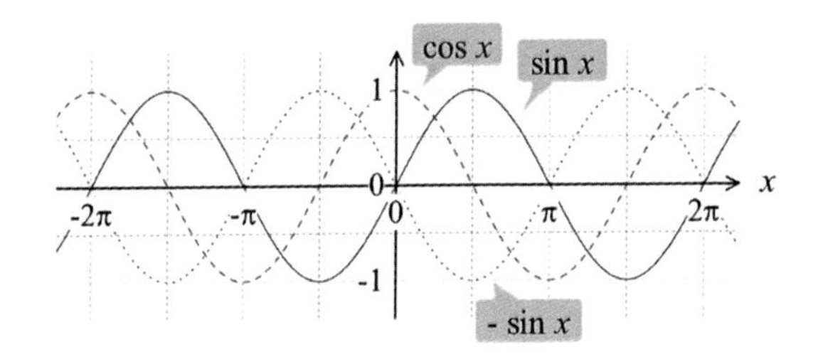

図 4.2　サイン関数、コサイン関数のグラフ.

んどは右下がりになって傾きがだんだんきつくなり、もっとも急になるのが横軸を切るところ、$x=\pi$（180°）で、傾きは -1 です。そこを過ぎてグラフがマイナスに突入すると傾きが徐々にゆるやかになり、$x=3\pi/2$（270°）で谷底、傾き 0。そこを超えると再び右上がりになり、横軸を切るところ、$x=2\pi$（360°）で傾き 1。これがサインのグラフの 1 サイクルです[13]。いま述べた、サインのグラフの傾きの値をつないでグラフをつくると、縦軸を 1 で切る、サインのグラフとまったく同じ形をした、ただ横にずれただけのグラフができます。それがコサインのグラフです。このコサインのグラフに対して、同じように傾きをみていってその値をグラフにすると、最初のサインのグラフを上下ひっくり返しにした（プラスマイナスを逆にした）グラフが描けます。以上が、「サインを微分するとコサインになる」ということであり、「コサインを微分するとマイナスサインになる」ということの意味です。

速度の式をもとめるのに、もう一つ知っていなければならないことがあります。それは「合成関数の微分」とよばれるものです。$\sin x$ などの変数 x の関数に対して、x のところが変数そのものではなくて x の式（関数）になっているものを合成関数といいます。これまでに、x^n は微分すると nx^{n-1}、$\sin x$ と $\cos x$ はそれぞれ $\cos x$ と $-\sin x$ になる、といった微分の公式を紹介しましたが、x のところが x 単体ではなく x の式になっているときには、その式になっている部分をとりあえず□なら□、X なら X とおいて、その□を変数だと思って微分したものに、ひとかたまりにおいた□を x で微分したものをかけることで、接線の傾きが正しくもとまる、ということが知られています。

$$\begin{array}{ccc} \square^n & & n\square^{n-1} \times \dfrac{\mathrm{d}}{\mathrm{d}x}\square \\ \sin\square & \xrightarrow{\text{微分}} & \cos\square \times \dfrac{\mathrm{d}}{\mathrm{d}x}\square \\ \cos\square & & -\sin\square \times \dfrac{\mathrm{d}}{\mathrm{d}x}\square \end{array}$$

$\sin 2x$ は微分すると $\cos 2x$「$\times 2$」です。$\sin 2x$ は $x=\pi/2$ のときにサインの中身が π になり、$x=\pi$ で 2π になります。つまり $\sin 2x$ のグラフは先ほど図示したうねうねとしたサインのグラフを、横軸方向に半分に圧縮したようなグラフになっています。半分に押し縮めると接線の傾きは二倍になります。だから「$\times 2$」なのです。

前置きが長くなりましたが、はじめに書いた位置座標の式を微分して得られる速度の式は、

$$\boldsymbol{v}(t) = \frac{\mathrm{d}}{\mathrm{d}t}\begin{pmatrix} R\cos\omega t \\ R\sin\omega t \end{pmatrix} = \begin{pmatrix} -R\omega\sin\omega t \\ R\omega\cos\omega t \end{pmatrix} = R\omega\begin{pmatrix} -\sin\omega t \\ \cos\omega t \end{pmatrix}$$

です。$R\omega$ の ω は、いま述べた「合成関数の微分」の要

領で、ωt を t で微分してでてきたものです。各成分に共通の因子である $R\omega$ をくくり出した最右辺の形をみれば、$(-\sin \omega t, \cos \omega t)$ は大きさが1のベクトルですから[14]、円軌道上での速さ $\boldsymbol{v}$ は、軌道半径 R と角運動量の大きさ $|\omega|$ をつかって $R|\omega|$ と書けることが分かります[15]。

向きはどちら向きでしょうか。この速度ベクトルの方向を示す $(-\sin \omega t, \cos \omega t)$ というベクトルと、位置ベクトルの方向を示す $(\cos \omega t, \sin \omega t)$ というベクトルの内積（x 成分どうし、y 成分どうしをかけて足したもの）[16]は0になります。内積が0である二つのベクトルは直交しますから、速度ベクトルは位置ベクトルとつねに直交していることが分かります。位置ベクトルは円の中心である原点から円周上の物体に向かうベクトルですから、速度ベクトルは円の半径に直交する方向、つまり円の接線の方向を向いていることが分かります。よく考えれば、そうでなければ軌道が円にならずにゆがんでしまう、あたり前の結論です。

もう一度微分すると、加速度の式がでてきます。

$$\boldsymbol{a}(t) = \frac{\mathrm{d}}{\mathrm{d}t}\begin{pmatrix} -R\omega \sin \omega t \\ R\omega \cos \omega t \end{pmatrix} = \begin{pmatrix} -R\omega^2 \cos \omega t \\ -R\omega^2 \sin \omega t \end{pmatrix} = -R\omega^2 \begin{pmatrix} \cos \omega t \\ \sin \omega t \end{pmatrix}$$

大きさは $R\omega^2$（合成関数の微分によって ω がもう一つでてきます）、あるいは軌道上での速さ $\boldsymbol{v} = R|\omega|$ をつかって $\boldsymbol{v}^2/R$ です。向きを表す最右辺の $(\cos \omega t, \sin \omega t)$ というベクトルは位置座標の式にでてきたものと同じですが、前にかかっている係数がマイナスですから、加速度ベクトルは物体から円の中心（原点）を見込む方向に向いています。

どちら向きのどんな大きさであれ、加速度をもっているということは運動状態（速度）に変化があるということであり、そうした変化をもたらす力を受けているということです。その加速度と力をつないでいるのが $m\boldsymbol{a} = \boldsymbol{F}$、運動方程式でした。等速円運動をしている物体が上に書いたような加速度をもつということは、等速円運動をしている物体には力がはたらいているということです。その力は、運動方程式によれば、大きさが $ma = mR\omega^2 = mv^2/R$ で円の中心方向を向いています。これを向心力といいます。一端におもりのついたひもの反対側の端をもって頭の上でぶんぶん振り回すときにひもをぐっとつかんでいるその力が向心力です。手をはなすとつなぎとめる力がなくなっておもりが接線方向に飛んでいってしまうのは慣性の法則です。

万有引力の発見

慣性の法則の説明のところで、地球の自転によって地面がものすごい速さで動いている（地軸のまわりを旋回している）という話をしましたが、公転運動のすさまじさはその比ではありません。地球が太陽のまわりを回るスピードはおよそ秒速 30 キロ、光の速さの一万分の一ほどにもなります。地球は茫漠とした宇宙空間を秒速 30 キロで音も立てずに巨体を疾走させているのです。そしてそのまわりを、月は決して引きはなされることなく回りつづけています。あるときニュートンは、一端に月をくくりつけて地球が振り回すその目にみえないひもの正体が、りんごを落下させる重力と本質的に同じものなのではないか、と思いつきます。水平投射ではじめに水平方向に与える速さ v_0 を飛行機よりももっともっと速くしていったらどうなるでしょう。地面には次第に地球の曲率がみてとられるようになり、やがて、落ちても落ちても地面との距離が縮まらない、高度不変の状況が実現するでしょう。月はそんな状況にあって、地球のまわりをぐるぐる回りつづけているのではないか、と考えたのです。

月が地球のまわりを回る運動を大ざっぱに等速円運動だと考えれば、その向心力、月に到達した地球の重力の大きさFは、いましがた確認した通り、mv^2/Rと表すことができるはずです。mが月の質量、vとRが円運動の速さと半径です。速さvのかわりに周期T（ぐるっと一周するのに要する時間）をつかって表せば、$v = 2\pi R/T$ですから

$$F = \frac{mv^2}{R} = \frac{m}{R}\left(\frac{2\pi R}{T}\right)^2 \propto \frac{mR}{T^2}$$

となって、FはRに比例してTの二乗に反比例することが分かります。無限大の右端が切れたような記号（∝）は、右と左が比例関係にあるときにつかいます。

ここでケプラーの話をはさみます。ニュートンより少し前の時代、ガリレオと同じころを生きた人に、ケプラーという人がいます。いま話題にしている近代的な力学を完成させた人がニュートンなら、そこへ向けて大きく一歩を踏み出した人がケプラーだといってもいいかもしれません。ケプラーの仕事のなかでもっとも有名なのは、惑星の公転軌道が円ではなくて楕円であることを発見したことではないかと思います（ケプラーの第一法則）。幾何学が神そのものと考えられていたような時代に、天に球でもなく円で

もなく楕円があるなどと主張することがどれほど突拍子もないことだったのか、おそらくいまの私たちには実感としては分からないでしょう。たとえば、その昔、世界が数からできていると信じて疑わなかったピタゴラス学派の一人は、直角をはさむ二辺の長さがともに1であるような直角三角形の斜辺の長さ（$\sqrt{2}$）が数の比で表せないことに気がついて、沈めて殺されてしまったといいます。まだまだ数秘術や魔術的な要素が幅を利かせ、アストロノミー（天文学）とアストロロジー（占星術）とが渾然一体としていたころに、観測結果と円軌道とのわずかなズレをごまかすことなく、ぴたりと合う軌道をもとめて膨大な計算をやり抜き、ついに楕円をさがしあて、ガリレオですらとらわれつづけた円の呪縛から確信をもって解き放たれたことがいったいどれほどすごいことだったのか、いまの私たちは想像するよりほかありません。

そのケプラーの晩年の業績に、第三法則とよばれているものがあります。ケプラーは、当時知られていたすべての惑星の公転周期 T（地球なら一年）と太陽からのおよその距離 R を書きならべ、そこに何か規則性が見出せないかとそれらの数字を二乗したり三乗したりしてながめていて（このあたりが数秘術的ですね）、あることに気がつきます。周期 T の二乗と半径 R の三乗の比が、すべての惑星について同じ値になったのです（ケプラーの第三法則）。すべての惑星について T^2/R^3 が同じになるということは、惑星がみな同じ一つの原因、つまり太陽のはたらきによって動いているということを意味しています。ケプラーは太陽中心説の動かぬ証拠を自らの手でつかみとったのです[17]。

さて、話をニュートンにもどすと、ニュートンは月の向心力についての先の分析結果に、ケプラーの第三法則を適用します。ふり返ってみれば、ニュートンの時代には木星のまわりを衛星が回り、土星にも衛星が発見され、何かが何かのまわりを回るという類似の構造が宇宙のそこかしこに見出されていました。そうした小宇宙の一つひとつに、ケプラーの第三法則が適用できるのではないか、システムごとに T^2 と R^3 の比例定数は違っていても、地球のまわりを月が回るときの T^2 と R^3 は、地球というシステムに固有の比例定数で関係づけられているのではないだろうか、とニュートンは考えたのです。この、T^2 と R^3 の比例関係を仮定すると、結局、地球がまわりのものを引きつける重力は、地球の中心からの距離の二乗に反比例する、という結論に至ります。

$$F = \cdots\cdots \propto \frac{mR}{T^2} \propto \frac{m}{R^2}$$

ニュートンは、観測される月の向心加速度と地上の重力加速度の大きさの比率が予想どおりに $1/R^2$ の比（月の場合の R は地球と月の重心間の距離、りんごの R はほぼ地球の半径です）になっていることを確かめ、さらに距離の二乗に反比例して大きさが変化するような重力圏にとらえられた物体が楕円軌道を描きうることを数学的に証明し、重力が距離の二乗に反比例するものであることを確信します。

ここで、いままであまり登場する機会のなかったニュートンの運動の第三法則、作用・反作用の法則を思い出してみましょう。地球の重力が月にまで達していて、その大きさが月の質量に比例し距離の二乗に反比例するのではないか、というのがここまでの話です。これを、月を中心にして同じように考えてみると、月のまわりを地球が回るのに必要な向心力は月面にはたらく重力と同質のものであり、その大きさは地球の質量に比例して距離の二乗に反比例するという話になります。この地球が月を引く力と月が地球を引く力が作用・反作用で大きさが等しいとなると、その力の大きさは結局、月の質量にも地球の質量にも比例していることになります。そしてそんな引力が、地球と月のあいだだけでなく、地球とりんごのあいだにも、太陽と地球のあいだにも、木星と衛星のあいだにもはたらいている……。こうしてニュートンは「あらゆる物体は引き合っていて、引き合う力の強さFは引き合っている物体の質量m_1, m_2に比例し、物体間の距離rの二乗に反比例している」という結論にたどりつきます。これが有名な万有引力の法則です。

$$F = G\frac{m_1 m_2}{r^2}$$

比例定数Gは万有引力定数あるいは重力定数とよばれていて、およそ$6.7 \times 10^{-11}\,\mathrm{m^3/s^2kg}$の値[18]をもつことが知られています（実験で測定することができます）。マイナス十一乗となっていることからも分かるように、万有引力は作用としてはとても小さなものです。その小ささを補って余りある巨大な地球とのあいだにはたらく重力以外は、とうてい人間が気づけるようなものではありません。それをニュートンは、数学的な分析と思索をかさねて見破ったのです[19]。

［註］

11　直角三角形をつかった説明では 90° 以上の角度 θ に対して $\cos\theta$ や $\sin\theta$ の値が決められなくなってしまいますが、じつは「原点を中心とする半径 1 の円と原点から x 軸とのなす角が θ の方向に引いた半直線との交点の座標が $(\cos\theta, \sin\theta)$ である」という、本文とは逆向きの説明の方が、$\cos\theta, \sin\theta$ のより一般性のある（90° 以上の角度や負の角度に対しても通用する）定義です。図 **4.2** のグラフも参考にしてください。

12　三角比を起源とするサイン関数 $\sin x$ やコサイン関数 $\cos x$ は総称して三角関数とよばれています。

13　90° を $\pi/2$、180° を π、……、と角度を数で表したものをラジアンといいます。π はいわゆる円周率（3.14159……）です。扇型の弧の長さを母線の長さで割った比が中心角のラジアンで、円周を半径で割った 2π が 360° を表します。なお、ラジアンは長さを長さで割ったものですから、メートルや秒のような単位がつきません。ラジアンであることを明示するために数値のうしろに rad（ラジアン）と書くこともありますが、重さなのか長さなのか時間なのか、物理的にどんな数量なのかといえば、ただの数です。ある物理量が、質量や長さや時間といった基本的な物理量のどういった組み合わせになっているかを、その物理量の次元といいます。物理量の表記にラジアン（角度）がふくまれている場合、そこの部分は次元をもたないただの数であることに注意しましょう。

14　任意の角度 θ に対して、$\cos^2\theta + \sin^2\theta = 1$ が成り立ちます。これは三角比で考えると三平方の定理を表す式です。章のはじめに示した位置ベクトルの式も同じように最右辺において R を外にくくり出して書いたのは、そのような形にまとめれば、ぐるぐる回っているかどうかはともかく、物体がつねに原点から R だけはなれたところ、つまり、半径 R の円周上にいることが読みとれるからです。

15　ラジアンはただの数（無次元の量）でしたから、縦軸にラジアン、横軸に時間をとって表されるグラフの傾きとしてもとめられる角速度は時間の逆数の次元をもっています。R は長さの次元をもっていますから、$R|\omega|$ で速さの次元（「長さ÷時間」という次元）をもつことが分かります。

16　二つのベクトル $\boldsymbol{A}$ と $\boldsymbol{B}$ に対して、どちらかのベクトルの方向を基準として、その方向の成分どうしをかけ合わせる計算を内積といいます。$\boldsymbol{A}$ と $\boldsymbol{B}$ のなす角を θ とすれば、かけ合わせるべき成分の値は、$\boldsymbol{A}$ の方向を基準にすると、$\boldsymbol{A}$ については A（ベクトルの大きさ）そのもの、$\boldsymbol{B}$ については $B\cos\theta$、$\boldsymbol{B}$ の方向を基準にすると、$\boldsymbol{B}$ の方が B そのもので、$\boldsymbol{A}$ の方が $A\cos\theta$、どちらにしても内積は $A \times B \times \cos\theta$ で計算できることが分かります。二つのベクトルが直交しているときには、$\theta = \pi/2$（90°）で $\cos\theta$ が 0 ですから、内積は 0 になります。内積の値は、xy 平面上のベクトルの場合、それぞれのベクトルの x 成分どうし、y 成分どうし（xyz 空間内のベクトルなら、さらに z 成分どうし）をかけて足すことで計算できることが知られています。つまり、$A_xB_x + A_yB_y$（$+ A_zB_z$）$= AB\cos\theta$ という式が成り立ちます（証明略）。

17　ちなみに、ケプラーの第二法則は、公転軌道上を進む惑星の速さと太陽からの距離のあいだの規則性（太陽から遠くはなれているときはゆっくりで太陽に近づくと速くなる）について述べたもので、いまの言葉で、面積速度一定だとか角運動量保存といわれている法則です。

18　物理量のあいだの関係式において、相互に足したり引いたり等号で結ばれている量どうしは同じ次元をもっていなくてはなりません（2 キログラム + 3 秒 = 5 メートル、などという式はありません）。一般に、比例関係にある二つの量が別の次元をもつ場合、比例定数も次元をもち、数値で表したときには単位がつきます（$W = mg$ の g が加速度の次元をもち、9.8 メートル毎秒毎秒の値をもっていたことを思い出してください）。

19　ケプラーの第三法則や万有引力の法則の導出過程がたどれる本としては、コーエン著、吉本市訳『近代物理学の誕生』（河出書房新社、1967 年）など。ガリレオ、ケプラー、ニュートンといった人たちの業績のつながりが分かる手ごろな本（講義録）としてもう一冊、エイトン著、渡辺正雄監訳『円から楕円へ』（共立出版、1983 年）。

第5章

電荷と電場

電気の素

慣性や重力といった現象を数量的に把握するために、そのはげしさを表す量として人間は質量というものを考え出しました。私たちは、「米はこれで2キロか」とか「この肉は200グラムか」とか、明確に重さをイメージしたり口に出したりする場合でなくても、無意識のうちにあらゆる物に質量をかさねてみています。それはおそらく、物を動かす動作だとか重い軽いといった感覚が、あたり前のように私たちの日常に溶け込んでいるからでしょう。しかし身のまわりの現象は慣性や重力で説明できるものばかりではありません。プラスチックの下敷きをこすって頭の上にかざすと髪の毛が逆立ちます。これは明らかに重力に反する現象です。そうした慣性や重力では説明できない現象のなかに電気現象というものがあって、そのはげしさを数量的にとらえるために質量と同じように考え出されたものが電荷とよばれる量です。電気の量ということでそのまま電気量とよばれることもあります。

慣性や重力現象の範囲内ででてくる物理量の単位はすべて、質量の単位と、現象が生起する時間と空間の単位の組み合わせでできています。たとえば力は、$m\boldsymbol{a} = \boldsymbol{F}$という式（運動方程式）からも分かるように、質量と加速度のかけ合わせになっていて、標準的には$\mathrm{kg\ m/s^2}$（キログラム・メートル毎秒毎秒）という単位をつかってその大きさを表します。$\mathrm{kg\ m/s^2}$は、Nと一文字で表して、ニュートンとよばれることもあります（ニュートンの名まえはいま力の強さの単位としてつかわれています）。電気現象は慣性や重力とはとりあえず独立な現象ですから、電荷の単位を同じようにキログラムとメートルと秒をつかって表すことはできません。電荷にはあらたな単位が必要で、C（クーロン）という単位をつかいます。日常生活においては電荷そのものの単位よりも電荷の流れである電流の単位A（アンペア）の方が身近かもしれません。1秒あたり1クーロンの電荷が移動するのを1アンペアといいます。1アンペアは1クーロン毎秒です。

さて、理論のなかにおける立ち位置としては電荷と質量は似ていますから、電荷と質量には似たところがあります。しかし違う現象なのでやはり違うところもあります。似ているところは、保存則が成り立つところです。物が二つに分かれたり、A, B二つの物質からCという別の物質が合成されたりといった物理的、化学的変化の前後で、電荷の総量は変わりません。これを電荷の保存則といいます。質量も、いろいろな変化があってもその変化に関与した物質をすべてもれなくかき集めれば、総量に変化はありません[20]。私たちは質量や電荷を物にかさねてみていますから、それが変化の前後で増えたり減ったりしないというのは、つまるところ、わけもなく物質が消えたり湧き出したりしないということの裏返しです。

電荷と質量の違うところは、質量にはプラスしかないけれども、電荷にはプラスとマイナスがあるというところです。電気現象は、かさなったら効果が打ち消されるプラスとマイナスの電荷を物質が背負っているとみることでうまく説明ができるのです。身のまわりの物質を構成する原子、分子のなかにもたくさんの電荷が潜んでいますが、原子の中心部分にある原子核とそのまわりを取り巻くように存在している電子とが正負等量（原子核がプラス、電子がマイナス）の電荷をもっているために、人間大のスケールでは原子、分子のもつ電荷の効果はほとんど打ち消されてしまいます。慣性や重力現象が身のまわりのあらゆる物質に対してみられる一方で、電気現象がそれほど身近に感じられないのはそのためです。電荷のはたらきは、物質のなかのプラスとマイナスが何らかの理由でバランスをくずしたり、マクロに運動したりしたときに、目にみえてあらわれてきます。

電子一個のもつ電荷の大きさはおよそ 1.6×10^{-19} クーロンです。電子はいま、それ以上分けることができない素粒子の一つだということになっていますから、電荷はうるさいことをいうと、増えるにしても減るにしてもそれ以上の小さな刻みがない[21]、離散的な量です。この 1.6×10^{-19} クーロンのことを、素電荷あるいは電気素量といいます。

静電気の力

質量をもつ物質のあいだに万有引力がはたらくように、電気をおびた物質のあいだには力がはたらきます。これを静電気力といいます[22]。万有引力は文字通り引力ですが、静電気力には引力と斥力（反発力）と二通りの場合があります。このことも電荷の正負をつかって、異符号（プラスとマイナス）の電荷間には引力、同符号（プラスとプラス、マイナスとマイナス）の電荷間には斥力がはたらく、と説明づけられています。静電気力の大きさFは作用し合う双方の電荷の大きさQ_1, Q_2に比例し、電荷間の距離rの二乗に反比例します。式で書けば

$$F = \frac{1}{4\pi\varepsilon_0}\frac{Q_1Q_2}{r^2}$$

です。距離の二乗に反比例することは、ニュートンの理論が成功をおさめたのち、万有引力との類推でそう思う人はいたでしょうし、理論的にそれを主張する人もいたようですが、最終的に、万有引力の発見から百年ぐらい経ってクーロンという人が実験的に確かめたことにちなんで、いまではクーロンの法則とよばれています。静電気力のことをクーロン力ともいいます。

万有引力のときは、比例定数をGと一文字で書きましたが、静電気力でも同じように比例定数（クーロン定数といいます）のところを一文字で書くこともあります。その場合にはkの字をつかうことが多いようです。ここでは比例定数のところを$1/4\pi\varepsilon_0$と書きましたが、これもよくつかわれる書き方です。こう書くのには理由があって、一つには、ここをkと単純に書いてしまわずに$1/4\pi\varepsilon_0$と書くことで、いろんな電気現象の記述が総体的に簡単になるということがあります。加えて、この比例定数の逆数には次に述べるような物理的な意味があり、ε_0の部分には誘電率という名まえもついている、という事情があります。

じつは静電気力は、万有引力と違って、電荷と電荷のあいだに何があるか、そこが真空なのか空気中なのか水中なのか、によって力の大きさが変わります。たとえば、電荷

Qが水のなかにある場合のことを考えてみましょう。先ほども少し触れましたが、あらゆる物質のなかにはもともとたくさんの電荷が潜んでいます。水の分子は正負等量の電荷をもっていますが、酸素の部分が若干マイナス、水素の部分が若干プラスにかたよっています。ですから、Qがプラスなら、水分子中の酸素の部分（−）とQ（+）のあいだには引力、水素の部分（+）とQ（+）のあいだには斥力がはたらいて、水の分子は向きを変えようとします。Qがマイナスなら力の向きは反対です。このように、電荷がおかれた場所に物質があると、その物質は多かれ少なかれ分子の配向や電荷の再配列を起こすのです。この現象を誘電分極といいます。誘電分極が起こっても、人間大のスケールで電荷の正負がかたよるようなことはありません[23]。しかし当の電荷Qは、分極によって生じた異符号の電荷に取り囲まれ、多少なりともスクリーンされて目減りします。その結果、静電気力はまわりに物質がないときとくらべて弱くなるのです。

誘電率は、その名の通り、その物質がどれぐらい大きく誘電分極を起こすかを表す物質定数で、一般にε（ギリシャ文字のイプシロン）の文字をつかって表されます。この誘電率が、クーロンの法則の比例定数の分母のところに$1/4\pi\varepsilon$という形で入っていることで、分極の大きな物質中ではそれだけ静電気力が弱まることを表している（というより、このεをもってその物質の誘電率と定めている）のです[24]。まわりに物質が何もない真空のときは、εのところをε_0と書きます。このε_0はそのまま真空の誘電率、あるいは、電気定数とよばれています。

そのようなわけで、クーロンの法則の比例定数のところは状況によってさまざまなのですが、基準となる真空のときの値は、$1/4\pi\varepsilon_0 \approx 9.0 \times 10^9\ \mathrm{Nm^2/C^2}$ です。ほぼ十の十乗、とても大きな値ですね。1クーロンの電荷が二つ、1キロはなれておかれていても、真空中なら9千ニュートン、ざっと1トンの物体にはたらく重力と同じぐらいの大きさの力がはたらきます。1クーロンがとても大きな電荷であることが分かります。ε_0 の値は、$\varepsilon_0 \approx 8.85 \times 10^{-12}\ \mathrm{C^2/Nm^2}$ です。以下、誘電率のところは ε_0 として、まわりの物質の影響を考えない、電磁気本来のふるまいをメインに話を進めていきます。

場と力線

静電気力は、はなれた電荷のあいだにテレパシーのように瞬間的に作用が伝わるというふうには考えません。静電気力が電気現象のすべてであればそう考えてもかまわないかもしれませんが、さまざまな電気現象、磁気現象のなかには、そう考えたのでは説明できないことがらがあるのです。そこで、いまの電磁気学では、静電気力をこんなふうに理解しています。まず、二つの電荷があってはじめて何かが起こると考えるのではなくて、電荷が一つでもあれば、そのまわりの空間が電気的な力を伝えるはたらきをもつと考えます。そのようなはたらきをもつ空間を電場といいます（電界ということもあります）。そして、電場のなかに第二の電荷がおかれると、その電荷は自分がおかれた場所の電場から力を受けると考えます。つまり、電荷間に遠隔作用がはたらくのではなく、電場というものを介在させて、力はあくまで近接作用として伝わっていくと考えるのです。

式をつかって少し具体的に説明してみましょう。任意の座標 $\boldsymbol{r}$ に位置する電荷 q が、座標原点にある電荷 Q から受ける静電気力 $\boldsymbol{F}$ は、式で書くと

$$\boldsymbol{F}(\boldsymbol{r}) = \frac{1}{4\pi\varepsilon_0}\frac{Qq}{r^2}\cdot\boldsymbol{e}_r$$

と表せます（図 5.1 参照）。$\boldsymbol{F}$ は q のいる場所 $\boldsymbol{r}$ によって大きさや向きが変わるので $\boldsymbol{r}$ の関数ということで $\boldsymbol{F}(\boldsymbol{r})$ としてあります。$\boldsymbol{e}_r = \boldsymbol{r}/r$ は Q から q に向かう大きさが 1 のベクトルです。このように書くと Q と q が同符号なら $\boldsymbol{F}$ は $\boldsymbol{e}_r$ と同方向、つまり Q から遠ざかっていく方向、Q と q が異符号なら反対に Q に引き寄せられる方向ということで、クーロンの法則の大きさだけでなく、引力、斥力の向きもいっしょに表すことができます。

さて、この式をこんなふうに書き換えてみます。

$$\boldsymbol{F}(\boldsymbol{r}) = q\times\boldsymbol{E}(\boldsymbol{r}) \quad , \qquad \boldsymbol{E}(\boldsymbol{r}) = \frac{1}{4\pi\varepsilon_0}\frac{Q\cdot 1}{r^2}\cdot\boldsymbol{e}_r$$

q だけを「$q\times$」として分けて前に出し、二つの電荷があって何かが起きると考えるのではなく、ただ一つぽつんとおかれた Q のまわりにはすでに $\boldsymbol{E}(\boldsymbol{r})$ なるものが発生していると考えるのです。$\boldsymbol{E}(\boldsymbol{r})$ の部分は q の有無には無関係です。そして、q は自分のいる場所の $\boldsymbol{E}$ によって力 $\boldsymbol{F} = q\boldsymbol{E}$ を受けると考えるのです。この $\boldsymbol{E}(\boldsymbol{r})$ が電場です。$\boldsymbol{E} = \boldsymbol{F}/q$

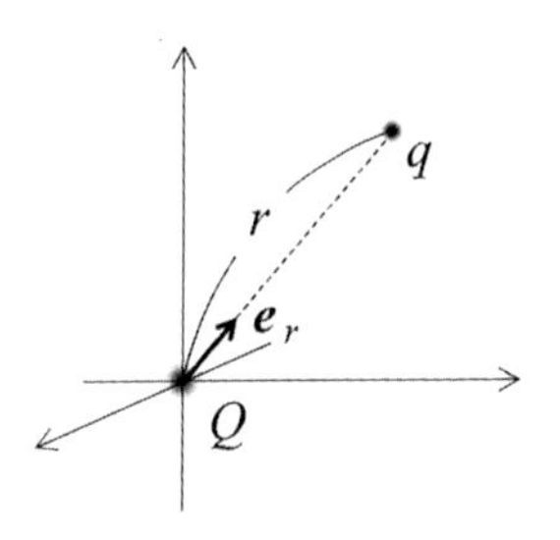

図 5.1　原点に位置する電荷 Q と任意の座標 r に位置する電荷 q .

ですから、一般に、電荷が受ける静電気力を1クーロンあたりに換算したものが、その場所の電場だということができます。また、同じことですが、電場は $q = +1$ C のときの静電気力と式の上では同じですから、頭のなかで仮想的に1クーロンの正電荷をおいてみたときに、その仮想電荷が受ける静電気力が、その場所の電場の向きと大きさを表します。

この「場」という言葉は、ある物理量が場所の関数になっているときにつかいます。たとえば、金属の棒の一端をガスバーナーであぶると、あぶっているところが熱くなって、はなれたところはそれほど熱くないといった具合に、場所ごとに温度に違いができます。このとき、温度 T は場所の関数になっていますから、それを $T(\boldsymbol{r})$ と書いて温度場といったりします。温度場の場合には、場所ごとに温度という数値が与えられているわけですが、電場は基本的に力（1クーロンあたりの静電気力）ですから、場所ごとにベクトルが与えられているベクトル場です[25]。視覚的には、空間のいたるところに矢印が貼りついているイメージです。原点にぽつんとおかれたQのまわりの電場なら、先ほどの$\boldsymbol{E}(\boldsymbol{r})$の式から分かる通り、矢印はすべて$Q$から放射状外向きあるいは内向き（$Q$の正負によって$+\boldsymbol{e}_r$または$-\boldsymbol{e}_r$の向き）で、矢印の長さは$Q$からの距離$r$の二乗に反比例して遠くへいくほど短くなります。

目にみえない電場を視覚的に表現するのに、このように空間に矢印をたくさん描く以外に、電気力線といわれる向きをもった曲線群で表現する方法もあります。電場はベクトルなので向きと大きさをもっていますが、向きに関しては、その曲線群が流れている方向でその場その場の電場の向きを表現します。大きさの方は、その場所の線の本数で表現します。電場が強いところは線を密に描き、弱いところはまばらに描きます。取り決めとしては、力線の流れている向きに垂直な断面を考えて、その単位面積あたりの線の本数（面密度といいます）がその場所の電場の大きさに等しいということになっています。もちろん電場の大きさ

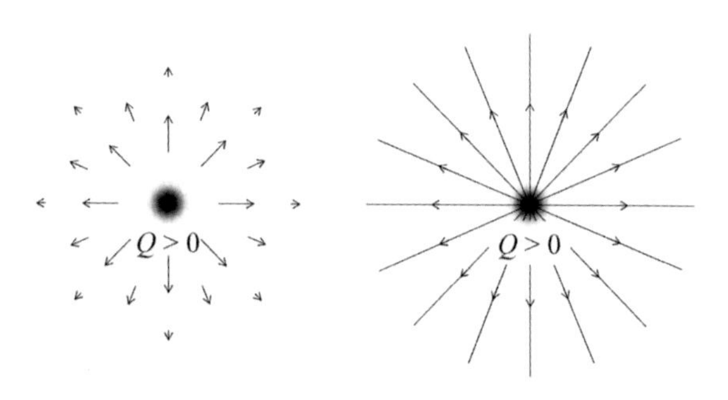

図 5.2　正電荷のまわりの電場のようすを矢印で表した場合（左）と電気力線で表した場合（右）.

は必ずしも線の本数のように自然数で表されるわけではありませんから、これはあくまで「電気力線の本数」という量の定義であって、実際に図を描くときには、この取り決めにしたがって、電場が強いところは電気力線をたくさん描き、弱いところはまばらに描きます。

さて、Qの電荷がぽつんとあると、電場はQを中心に放射状外向き（$Q > 0$）あるいは内向き（$Q < 0$）になりますから、電気力線はQから外に向かって出ていくか（$Q > 0$）、Qに向かって入り込んできます（$Q < 0$）。Qを中心とした球面を考えると、電気力線はこの球面を内から外へ、あるいは外から内へ貫きます。その本数を勘定してみると、いくつか大事なことが分かってきます。やってみましょう。

球面の半径をRとすると、球面上の電場の強さはどこも$E = |Q|/4\pi\varepsilon_0 R^2$です（球面上に1クーロンの仮想電荷をおいて、$R$だけはなれた球の中心にある$Q$から受ける静電気力の大きさを考えます）。電場の強さはその場所における単位面積あたりの電気力線の本数という取り決めでしたから、この球面を貫いている電気力線は、どこが密でどこが疎ということなく、一様な面密度$E = |Q|/4\pi\varepsilon_0 R^2$をもっています。その面密度に球の表面積$4\pi R^2$をかければ、球全体を貫く力線の本数が分かります。計算してみると

$$\frac{|Q|}{4\pi\varepsilon_0 R^2} \times 4\pi R^2 = \frac{|Q|}{\varepsilon_0}$$

となり、半径Rによらないことが分かります。Rがうんと大きければ表面積は広いけれどもQから遠いので力線はま

ばらであり、R がうんと小さければ表面積は狭いけれども Q に近いので力線は密集していて、どちらの場合にも線の総本数は $|Q|/\varepsilon_0$ 本になるのです。このことは、R を連続的に大きくしていったり小さくしていったりしたときに、どこかで、あった力線が突然なくなったり、枝分かれして本数を増やしたりしないということ、そして結局のところ、$\pm Q$ の電荷で生成消滅する力線の本数自体が $|Q|/\varepsilon_0$ 本であることを意味しています。電荷とそれによって生じる電場（電気力線は電場のいいかえにすぎません）のあいだのこの関係は、電磁気学の基本法則の一つで、電場のガウスの法則とよばれています。

［註］

20　相対性理論の登場によってエネルギーの吸収・放出が質量の増減をともなうものであることが明らかにされて以降、質量保存則はエネルギー保存則のなかに統合され、それ単体としては日常において実際上成り立つ近似法則とみなされるようになります。これに関連した話題は 11 章でとりあげます。

21　単独で存在できる粒子で電子よりも小さな電荷をもつものはみつかっていません。原子核はプラスの電荷をもつ陽子と電荷をもたない中性子（二つ合わせて核子といいます）とから構成されていますが、陽子がもつ電荷の大きさは電子がもつ電荷の大きさとまったく同じです。現在広く受け入れられている素粒子の標準モデルでは、陽子や中性子はさらにクォークとよばれる素粒子群からなるとされており、クォークは電子の三分の一または三分の二の大きさの電荷をもつとされていますが、クォークは三つで陽子や中性子、二つで中間子とよばれる複合粒子としてふるまい、その電荷はいずれも電子がもつ電荷の整数倍です。

22　状況が時間的に変化しない場合でもあらわれる静的（static）

な作用であるため、静電気と「静」の字をつけます。

23 ここで考えている物質は、いわゆる電気が流れない物質です。金属などの電気を流す物質の内部では、電荷 Q の効果を完全に打ち消すように、動くことのできる電荷が配置を変えます。そうでなければ周囲の電荷は電荷 Q から力を受けて動くでしょうから、周囲の電荷が配置を変えて「電気の流れ」が止まった状態は、電荷 Q の効果が完全に打ち消された状態であるはずです。この現象は、誘電分極ではなく、静電誘導あるいは静電遮蔽とよばれています。静電誘導や静電遮蔽では、人間大のスケールで正負のかたよりが生じることもめずらしくありません。

24 たとえば、水の誘電率は真空の誘電率のおよそ八十倍で、水中では真空中と比較して静電気力は八十分の一に弱まります。一方、空気の誘電率は真空の誘電率とほぼ変わらず、空気中と真空中とでは静電気力はほとんど変わりません（窒素や酸素の分子には水分子のような正負のかたよりがないからです）。なお、原子や分子の配置が方向によって定まった物質（結晶）中では、一般に分極の生じ方も方向によって違いが生じることになり、誘電率の厳密な取り扱いは複雑になります。

25 温度場のように、場所ごとに数値が与えられている場はスカラー場といいます。値だけをもち向きをもたない（成分をもたない）ふつうの数量を、ベクトルに対して、スカラーといいます。

第6章

自然法則の二つの見方

電場の“発散”

電場のガウスの法則には見た目が異なる二つの数学表現があります。いずれも日常生活で役立たないどころか、高校数学にもでてこないような式ですが、一つは、

$$\mathrm{div}\, \varepsilon_0 \boldsymbol{E} = \rho \quad \cdots \quad ①$$

という式です。ρ（ローというギリシャ文字です）は単位体積あたりの電荷（電荷密度）、div は「発散」とよばれる微分記号です。divergence のはじめの三文字をとって div と書きます。

微分の話はこれまでもところどころでてきましたが、たとえば、$\mathrm{d}/\mathrm{d}x$ は一変数関数 $f(x)$ を微分する記号で、$f(x)$ のグラフの傾きをもとめる計算でした。div は何を微分するものかというと、上の式ではうしろに $\varepsilon_0 \boldsymbol{E}$ というベクトル場がおかれていますが、ベクトル場に対する微分記号です。ベクトル場というのは場所場所ごとにベクトルが与えられているもので、詳しくみると、三変数 x, y, z の関数が三つ束になっています。

$$\boldsymbol{A}(\boldsymbol{r}) = \begin{pmatrix} A_x(x,y,z) \\ A_y(x,y,z) \\ A_z(x,y,z) \end{pmatrix}$$

この三変数関数三つに対して何をどうするのかというと、具体的には、

$$\mathrm{div}\, \boldsymbol{A} = \frac{\partial A_x}{\partial x} + \frac{\partial A_y}{\partial y} + \frac{\partial A_z}{\partial z}$$

という計算を実行します。$\partial/\partial x$ という記号は $\mathrm{d}/\mathrm{d}x$ とやることは同じなのですが、多変数関数に対して、一つの変数

だけに着目して（他の変数は定数とみなして）微分をするときに、dをまるめて∂と書きます。$\partial/\partial x$は、かたよった微分ということで偏微分とよばれています。たとえば、$f(x, y) = x^2 + y^2$という二変数関数をxで偏微分したものは$2x$です。偏微分に対して、一変数関数に対する$\mathrm{d}/\mathrm{d}x$の方は常微分といいます。

さて、divの中身がそんなものだとして、それでいったい何が計算できるのでしょうか。空間に$\boldsymbol{A}$というベクトル場があったとします。力線のイメージでいきましょう。空間に向きをもった線がたくさん描かれていて、線が流れる方向と本数（面密度）でその場その場の$\boldsymbol{A}$の向きと大きさが表されているとします。この空間のなかに、x, y, z軸方向の辺の長さがそれぞれΔx, Δy, Δzであるような小さな箱をおいてみます。面積が$\Delta y \times \Delta z$の面のx座標は、一つがxでもう一つが$x + \Delta x$です（図6.1）。

x座標がxの面から箱のなかに流れ込んでくる線の数は、$\boldsymbol{A}$のx成分に面積をかけて$A_x(x, y, z) \times \Delta y \Delta z$です（$\boldsymbol{A}$を各軸に沿った流れの足し合わせの形に表すと、

$$\boldsymbol{A} = A_x \begin{pmatrix} 1 \\ 0 \\ 0 \end{pmatrix} + A_y \begin{pmatrix} 0 \\ 1 \\ 0 \end{pmatrix} + A_z \begin{pmatrix} 0 \\ 0 \\ 1 \end{pmatrix}$$

と書けることに注意しましょう）。x座標が$x + \Delta x$の面から箱の外に流れ出ていく線の数は、同じく、$A_x(x+\Delta x, y, z) \times \Delta y \Delta z$となります。差し引き

$$A_x(x + \Delta x, y, z) \cdot \Delta y \Delta z - A_x(x, y, z) \cdot \Delta y \Delta z$$

だけの本数の線が、いま考えた二つの面を通して箱から出ていっている計算になります。左から入ったものがそのま

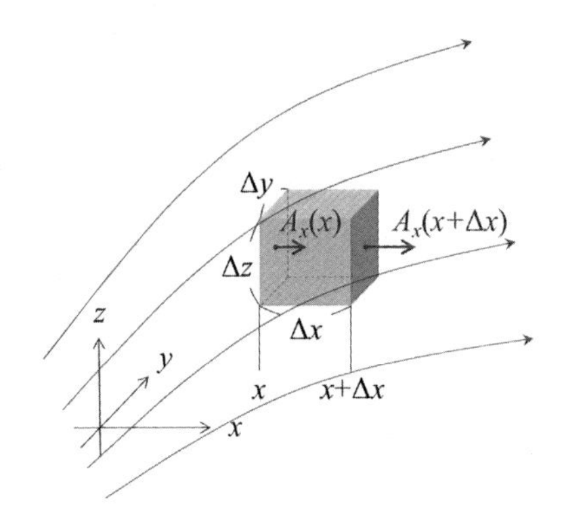

図 6.1　ベクトル場 A のなかにおかれた小さな箱.

ま右にぬけているならこれは 0 かもしれませんし、上下の面から入って左右の面から出ていくようなものがあれば 0 にはならないでしょう。

同様に、x, y, z を y, z, x で置き換えたものは、面積が $\Delta z \times \Delta x$ の対向する二面を通して出ていく線の数を表し、z, x, y で置き換えたものは、面積が $\Delta x \times \Delta y$ の二面を通して出ていく線の数を表しています。したがってこの三つを足し合わせれば、結局、この小さな箱から正味何本の線が外に出ていっているかが分かることになります。入ってきたものがすべてどこからか出ていっていれば 0、出ていくより入ってくるものの方が多ければマイナスです。

ここで、箱を小さくして点 (x, y, z) にまで押し縮めてしまった極限を考えてみると、上の x 軸に垂直な二面を通して出ていく線の数は

$$A_x(x+\Delta x,y,z)\cdot\Delta y\Delta z - A_x(x,y,z)\cdot\Delta y\Delta z$$
$$=\frac{A_x(x+\Delta x,y,z)-A_x(x,y,z)}{\Delta x}\cdot\Delta x\Delta y\Delta z$$
$$\xrightarrow[\Delta x\to 0]{}\frac{\partial A_x}{\partial x}\cdot \mathrm{d}x\mathrm{d}y\mathrm{d}z$$

となることが分かります（最後の極限操作のところは1章の微分の話を思い出してください）。残りの面を通して出ていくものもすべて足し合わせると、

$$\left(\frac{\partial A_x}{\partial x}+\frac{\partial A_y}{\partial y}+\frac{\partial A_z}{\partial z}\right)\mathrm{d}x\mathrm{d}y\mathrm{d}z=\mathrm{div}\,\boldsymbol{A}\cdot\mathrm{d}x\mathrm{d}y\mathrm{d}z$$

となって、divがでてきました。つまり、divを計算すると、その一点において、線が何本湧き出しているのか、吸い込まれて消えているのかが分かるのです。その一点を線が素通りしているならdivは0です。これで何となくdivが「発散」とよばれている理由が分かったでしょうか。

あらためて①式をみてみてください。この式は、「湧き出す電気力線の本数に誘電率をかけたものが、その場所の電荷に等しい」ということを、単位体積あたりにして表したものです。上の式の $\mathrm{d}x\,\mathrm{d}y\,\mathrm{d}z$ は点に押し縮められた無限に小さな箱の体積を表していて、それが書かれていないので（$\mathrm{d}x\,\mathrm{d}y\,\mathrm{d}z$ で割ってあるので）、右辺は電荷そのものではなくて電荷密度なのです。

積分の意味

さて、電場のガウスの法則にはもう一つ、「閉曲面から出ていく電気力線の面密度に ε_0 をかけたものを閉曲面上で

足し合わせたものは、閉曲面内の電荷の総量に等しい」といういいまわしがあります。閉曲面というのはカプセルのようなもので、空間をその内部と外部に二分してしまう曲面のことです。前の章の最後のところで、ガウスの法則をみちびくために、電荷を取り囲む球面を考えて、球面を貫く電気力線の本数をかぞえましたが、それを一般化して書きなおしたいいまわしです。これを式で表すと

$$\int_S \varepsilon_0 E_n \, \mathrm{d}S = \int_V \rho \, \mathrm{d}V \quad \cdots \quad ②$$

となります。Sが閉曲面、E_nが閉曲面Sに垂直な電場成分、Vが閉曲面Sで囲まれた空間（Sの内部）、ε_0とρは①式と同じです。ここにでてきた$\int \cdots \mathrm{d}S$や$\int \cdots \mathrm{d}V$は積分計算の数学記号で、以下、積分とは何かということを少し説明します。

積分という言葉は、これまでにも、グラフの傾きをもとめる操作を微分というのに対して、傾きからもとのグラフを復元する操作を積分とよぶ、というところでてきました。その際、微分の方は答えが任意性なく決まるのに対して、積分の方は、傾きからもとのグラフを復元するので、グラフの形は分かるけれども関数値そのものは分からない、グラフの縦方向の位置が決まらない、答えに定数だけの任意性がともなう、という注意点がありました。これから説明する積分は、その積分とはちょっと違った計算です。

ある物理量fがあったとします。fの値を決めている変数の個数は一つのことも複数のこともあるかもしれません

が、それをいまひっくるめてXと書くことにします。変数の範囲ΔXを十分小さくとると、そこでの関数値fはだいたい決まるでしょう。このfとΔXの積を、変数の指定された領域Zにわたって足し合わせたうえで、領域Zの分割をどんどんこまかくしてΔXを小さくしていった極限を積分といい

$$\lim_{\Delta X \to 0} \sum_{Z} f \, \Delta X \ \to \ \int_{Z} f \, \mathrm{d}X$$

と書きます。Σはその下に書かれた条件（範囲）にわたって足し合わせていく和の記号です。Zの分割を無限にこまかくしていった極限において$\lim \Sigma$を$\int$と書き、ΔXを$\mathrm{d}X$と書くのです。足し合わせをおこなう変数の領域Zは、積分領域、積分範囲、積分区間などといいます。

積分を勉強したことのある人は、一変数関数の積分がグラフと横軸とで囲まれた面積になることを知っているかもしれません（グラフがマイナスの領域にあるときには面積にマイナス符号をつけたもの）。たとえば、変数がxただ一つ、積分区間がx_1からx_2までの場合、$\Sigma f \Delta x$は図6.2の細長い長方形の面積の足し合わせになりますから、分割をこまかくしていくと、その範囲におけるグラフと横軸のあいだの面積になることが分かります。

変数が二つ以上になると、このように直感的に理解することはむずかしくなるのですが、二変数の場合には、ΔXが微小な面積となり、その微小面積に関数値をかけ合わせたものを二次元的な広がりをもつ領域にわたって足していくことになります（面積分）。三変数の場合には、ΔXが微

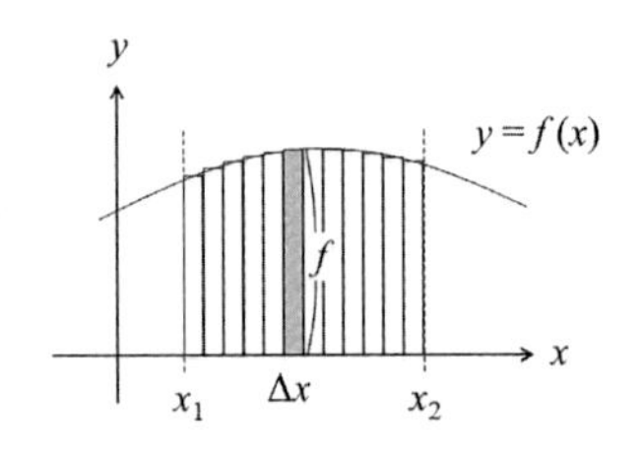

図 6.2　一変数関数の積分．

小な体積となり、その微小体積に関数値をかけ合わせたものを三次元的な広がりをもつ領域にわたって足していくことになります（体積積分）。

いずれにしても、これらの積分はある量をある範囲にわたって足し合わせていくというものですから、前にでてきた、傾きからもとのグラフを復元する（原始関数をもとめる）ときのような不定性はありません。前にでてきた積分を不定積分、今回の積分を定積分といって区別することもありますが、積分というものの本来の意味は、いま説明した、ある量を足し合わせていく操作のことをいいます。それがどうして、前にでてきた微分の逆演算を積分とよぶのかというと、この二つのあいだには密接なつながりがあって、原始関数をつかって定積分の値を計算することができるからです。

たとえば、変数が時間 t ただ一つの場合でみてみると、定積分（$t_1 \sim t_2$ 間でグラフと横軸が囲む面積）は、原始関数（傾きから復元されたグラフ）の、時刻 t_1 における関数値と時刻 t_2 における関数値の差で計算できます（図 6.3）。なぜなら、定積分において面積を計算しなさいといっている領域の、横幅が時間幅で、縦幅が原始関数（復元されたグラフ）の傾きだからです。定積分は、時間幅に原始関数の傾きをかけたものであり、その時間内に原始関数のグラフがどれだけ増えたか減ったかに等しいのです。二つの時刻 t_1, t_2 における原始関数の差分ですから、原始関数にあった任意定数は差し引かれて、定積分の値は任意性なく決まるのです。

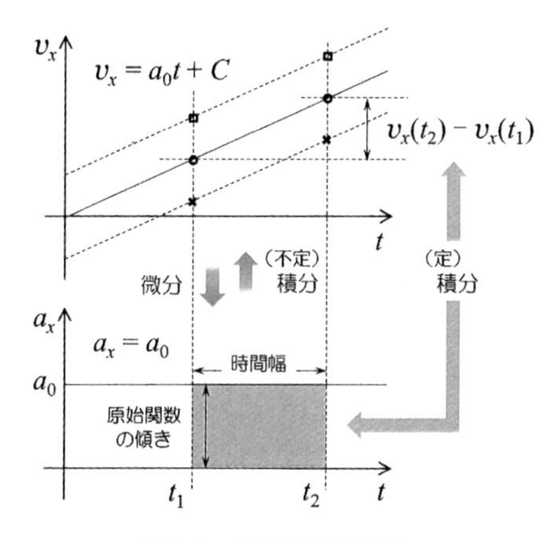

図 6.3　定積分と不定積分.

積分の説明が長くなりましたが、あらためて、②式をみてください。解読できるでしょうか。左辺は、電気力線の面密度 E_n に微小面積 dS をかけたものが微小面積 dS を貫く電気力線の本数で、それに誘電率 ε_0 をかけて S 上で足し合わせていくという計算です。出ていく線の方が多ければプラス、入ってくる方が多ければマイナスです。右辺は、電荷密度 ρ に微小体積 dV をかけたものがその微小体積 dV にふくまれる電荷で、それを領域V（閉曲面Sの内部）にわたって足し合わせていくことでSに閉じ込められた電荷の総量を計算しています。Sの内部で分極が起こっていても、もともとが正負等量だったのであれば積分は0です。この二つ、ある空間領域に出入りする（誘電率を乗じた）線の数と領域内部の正味の電荷とが等しい、というのが②式の日本語訳です。

自然法則の微分形と積分形

電場のガウスの法則には、以上説明した二つの表現があり、前に説明した①式の方を微分形、あとに説明した②式の方を積分形とよんでいます。どちらも、電荷とそれに付随して生じている電場の関係を定式化したものですが、空間の一点における電荷のありなしと電場の湧き出しとの関係でそれをいったのが①式で、ある領域の内部にふくまれる正負の電荷の総計（差し引き）とその領域に出入りする電気力線（電場）の関係でそれをいったのが②式です。

自然のとらえ方には、そんな、瞬間的、局所的な関係としてとらえるやり方と、長期的、大域的な関係としてとらえるやり方とがあって、数学的には、前者は微分、後者は積分で表現されます。運動方程式$m\boldsymbol{a} = \boldsymbol{F}$は、加速度$\boldsymbol{a}$が速度$\boldsymbol{v}$の時間微分であり、速度$\boldsymbol{v}$が位置座標$\boldsymbol{r}$の時間微分であることからも分かるように、微分形の方程式です。これをたとえばある時間幅にわたって積分すると

$$m\int_{t_1}^{t_2}\boldsymbol{a}\,\mathrm{d}t = \int_{t_1}^{t_2}\boldsymbol{F}\,\mathrm{d}t$$

となります。m は時間によらない定数なので積分記号の外にだすことができます（m 倍したグラフをつかって面積をもとめても、m 倍しないグラフをつかってもとめた面積を m 倍しても、答えは変わりません)。ここで先ほど述べた定積分と不定積分の関係を思い出すと、加速度 $\boldsymbol{a}$ の不定積分（原始関数）は速度 $\boldsymbol{v}(+\boldsymbol{C})$ ですから、左辺の定積分は $\boldsymbol{v}(t_2)-\boldsymbol{v}(t_1)$となって、

$$m\boldsymbol{v}(t_2)-m\boldsymbol{v}(t_1)=\int_{t_1}^{t_2}\boldsymbol{F}\,\mathrm{d}t$$

と書き換えられることが分かります。右辺は、単に力が強いか弱いかというだけでなく、その力がどのぐらいの時間にわたって作用したのかという時間的な効果もふくめた力の作用を表す量で、力積とよばれています。一方、左辺の質量と速度の積は運動量とよばれていて、この式は「運動量の変化は受けた力積に等しい」というふうに読まれます。運動方程式を時間で積分してでてきたわけですから、何かあたらしいことをいっているわけではありません。どの瞬間にも成り立つ運動方程式を時間方向に積分することで、力を力積として評価し、加速度を、作用を受ける前後の速度の変化としてとらえなおしているのです。

第7章

電流と磁場

モノポールの不在

静電気力と磁力はとてもよく似た現象で、静電気力でプラス、マイナスといっていたものが磁力ではNとSに変わりますが、引力と斥力とがあり、NとSのあいだには引力、NとN、SとSのあいだには斥力がはたらく、と説明します。そればかりでなく、じつは磁力の強さも静電気力と同じようにNS間の距離の二乗に反比例することが知られています。確かめたのはやはりクーロンで、この逆二乗則もクーロンの法則とよばれることがあります。

以上のことから、静電気力についての議論が、文字および名を変えただけで磁力にもそのまま適用できることが分かります。そうして電場のかわりに磁場、電気力線のかわりに磁力線というものが磁気現象の説明に登場します。

NSの強さ（磁荷あるいは磁気量）を、とりあえず電荷と同じ Q あるいは q の下にマグネティック（magnetic）のmを添えた記号で表し、Nの場合にはプラス、Sの場合にはマイナスで数値化することにすると、任意の座標 $\boldsymbol{r}$ に位置する磁荷 q_m が原点にある磁荷 Q_m から受ける磁力は、静電気力のときとまったく同じ、

$$\boldsymbol{F}(\boldsymbol{r}) = \frac{1}{4\pi\mu_0}\frac{Q_m q_m}{r^2}\cdot \boldsymbol{e}_r = q_m \times \frac{Q_m}{4\pi\mu_0 r^2}\cdot \boldsymbol{e}_r = q_m \boldsymbol{H}(\boldsymbol{r})$$

という形の式で表すことができます（5章の静電気力の式とみくらべてみてください）。$\boldsymbol{e}_r = \boldsymbol{r}/r$ は Q_m から q_m に向かう大きさが1のベクトルです。この $\boldsymbol{H}(\boldsymbol{r})$ が Q_m のまわりに生じた磁場であり、それを電気力線と同じ取り決めで曲線群として表現したものが磁力線です。電気のときに ε

と書いていたところは磁気ではμ（ミュー）と書きます。εはエレクトリック（electric）のe、μはマグネティック（magnetic）のmに相当するギリシャ文字です。このμは透磁率とよばれ、基準となる真空のときの値は、$\mu_0 \approx 1.26 \times 10^{-6}$ N/A^{2}です[26]。単位がなぜN/A^2（アンペア二乗分のニュートン）なのかは、あとでまとめて説明します。

このように電気と磁気はとてもよく似ている反面、決定的に違っているところもあります。電気の場合には、プラスもしくはマイナスの電気をおびているといういい方がありますが、磁気のNSは決して切りはなすことができず、NまたはSにかたよった物質はいまだかつて見出されたことがありません。たとえば、棒磁石がまん中を境に赤と黒で塗り分けられていたとしても、赤だからN、黒だからSというのではなくて、N極とS極のあいだには、ずっとNSのくさりが磁石のなかを走っています。磁石はどこを切断してもかならず磁極があらわれ、どんなにこまかくしても、原子一つにまでしてしまっても、NSのバランスがくずれることはありません。素粒子の一つとされる電子ですら、NSをもつ磁石です[27]。先ほどはQ_mやq_mがあたかも空間に単体で存在するかのようにクーロンの法則を説明しましたが、実際にはそこは磁石の磁極があらわれている部分であり、反対側の磁極はどこかはなれたところにあって影響が無視できる状況を考えているのです。クーロンが確かめたのも、あくまで磁極間の力の逆二乗則です。

さて、このことから、一つ大事な結論がでてきます。ガウスの法則です。静電気のときと同じようにクーロンの法則が成り立ち、電場のかわりに磁場、電気力線のかわりに磁力線が導入できるのですから、話はそのままガウスの法則までもっていけるはずです。しかしそこに「Nだけ、Sだけを単離することはできない」という制約がつくと、どうなるでしょうか。前の章にでてきたガウスの法則の積分形のいいまわしを思い出してみてください。「閉曲面から出ていく［ア］の面密度に［イ］をかけたものを閉曲面上で足し合わせたものは、閉曲面内の［ウ］に等しい」――ア、イ、ウにはそれぞれ「電気力線」、「ε_0」、「電荷の総量」という言葉がありました。それが今回は、「磁力線」、「μ_0」、そして「0」になります。どんなに狭い空間領域を考えてもNSのバランスはくずれないのですから、任意の閉曲面内の磁荷の総量はいつでも0なのです。

ここで表現を簡潔にするために、あたらしい用語をおぼえてください。ガウスの法則のいいまわしのなかにある「磁力線の面密度（＝磁場）にμ_0をかけたもの」、つまり$\mu_0 \boldsymbol{H}$を、電磁気学では磁束密度とよんでいます。ちなみに「電気力線の面密度（＝電場）にε_0をかけたもの」は電束密度とよばれています[28]。何々密度といういい方は力線のイメージからきているもので、電気力線の面密度である電場、磁力線の面密度である磁場に、それぞれε_0とμ_0をかけたものなので、電束密度、磁束密度といいます。それぞれに対応する力線（ε_0およびμ_0を乗じたもの）は、電束線、磁束線とよばれています。

これらの言葉をつかうと、磁場のガウスの法則はぐっといいまわしを簡単にすることができます。つまり、磁場のガウスの法則がいっていることは、磁束線には始まりも終わりもない、ということです。磁束線はつねにループになっていて、湧き出しや吸い込みがないのです。前の章で説明した数学記号をつかって書けば、

$$\mathrm{div}\,\mu_0\boldsymbol{H} = 0 \quad \text{あるいは} \quad \int_S \mu_0 H_n\, dS = 0$$

です（左側が微分形、右側が積分形）。

磁場の源

さて、この世のなかに、N 単体、S 単体というものがないとなると、磁場はいったいどこからやってくるのでしょうか。小学校や中学校でそれを習ったことのある方には何の不思議も感動もない話だと思いますが、電流です。電荷が動くと、そのまわりに磁場ができます[29]。静電気の力と磁石の力はとてもよく似ていて、昔むかしから多くの人がこの二つには何か関係があるのではないかと憶測をはたらかせていたことと思います。それがたしかにその通りで、電荷の流れが磁場を生み出すということに最初に気づいたのはエルステッドという人です（1820 年）。始まりも終わりもないという磁束線のループは、電流を中心軸として、そのまわりに渦を巻くように発生します。

電流のまわりに発生する磁場の強さ H は電流の大きさ I に比例し、電流のごく近傍では（電流が直線で近似できる場合には）電流からの距離 d に反比例します。ふつうこれを式で

$$H = \frac{I}{2\pi d}$$

と書きます。2π がついているのは、クーロンの法則の式にあった 4π と同じで、ここに 2π をいれておくことで、電磁気現象全体の記述をスマートにするためです。2π アンペアの電流から1メートルはなれたところの磁場の強さを1にするという取り決めだと思ってもいいでしょう。この式から分かるように、磁場の大きさはA/m（メートル分のアンペア）という単位で表されます。電気と磁気は相互に関係しているので、磁気現象を記述するために、あらたに独自の単位を導入する必要はなく、これまででてきたキログラム、メートル、秒、そして電気で登場したクーロンあるいはアンペアをつかって磁気の単位はつくられているのです。

ここでいくつか磁気に関係する物理量の単位がどうなっているかみてみましょう[30]。先ほど q_m という記号をつかって書いた磁荷は、磁場から受ける力の式が $\boldsymbol{F} = q_m \boldsymbol{H}$ と書けることから、力の単位Nを磁場の単位A/mで割った、Nm/Aという単位をもつことが分かります。同様に、二つの磁荷のあいだのクーロンの法則の式 $F = (1/4\pi\mu_0)\,Q_m q_m / r^2$ を手がかりにすれば、右辺にふくまれる μ_0 の単位が N/A^2 であることが分かります。磁束密度は、磁場に透磁率をかけたものですから、その単位は $N/A^2 \times A/m = N/Am$ となります。このN/Amは、Tと書いてテスラとよばれています。磁荷の単位Nm/Aとこのテスラとをみくらべると、磁荷の単位はテスラに面積の単位 m^2 をかけたものであることが分かります。磁束密度（磁束線の面密度）に面積を乗じた量を磁束といい、これは力線のイメージでいうと磁束線の総本数にあたるものです。磁極の強さを表す磁荷の大きさは、そこを通って磁極に出入りする磁束線の数で表しているのです[31]。この磁荷（磁束）の単位Nm/Aは、Wbと書き、ウェーバーとよばれています。

さて、直線電流Iから距離dの点をつないで円をつくり、この円に沿ってぐるっと一周、発生した磁場の値を積分してみます。円自体は線ですが、線に沿ってある量を積分していく計算を線積分、その線が円のようにぐるっともとの場所にもどってくるものを周回積分とよんでいます。線積分は、その線をまっすぐ伸ばして横軸にして、縦軸に関数値をとって描いたグラフの面積をもとめる計算です。いまの場合、円周上の点はどこも電流からdだけはなれていて、そこでの磁場の強さは一定ですから、縦が$H = I/2\pi d$、横が周長$2\pi d$の長方形の面積をもとめればよいことになります（図7.1）。計算してみると

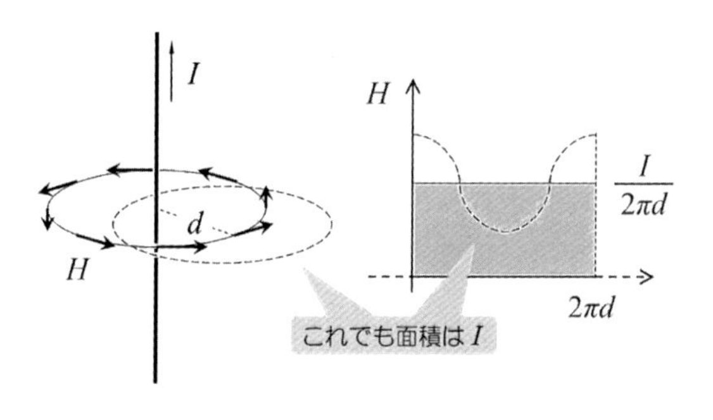

図7.1　アンペールの法則．

$$\frac{I}{2\pi d} \times 2\pi d = I$$

となって、答えがdによらないことが分かります。5章で電荷を中心とした球面を考えて電場のガウスの法則をみちびいたときと理屈は同じです。dが大きいと円周は長いけれども電流からはなれているので磁場は弱く、dが小さいと円周は短いけれども電流に近いので磁場は強く、どちらも結果的に積分値はIになるのです。

じつはこの円は中心がずれていても、円でなくてもっとぐにゃぐにゃしたでたらめな形をしていても、とにかく電流のまわりをぐるっと一周するような輪っか（閉曲線）にさえなっていれば、その輪に沿って、磁場の接線方向成分を足し合わせていくと、なかを貫く電流値がでてきます。これをアンペールの法則といいます。少し堅苦しいいい方をすれば、「閉曲線に沿った磁場の接線方向成分の積分値は、閉曲線が張る曲面を貫く電流の値に等しい」ということです。閉曲線が張る曲面というのは、閉曲線をふちとするような曲面ということで、閉曲線が円であれば、それをふちとするような円板でも、そこに張った膜を好きな形に引き伸ばしたものでもかまいません。

アンペールの法則は電流とそれにともなって生じる磁場のあいだの関係をいったものですが、じつは少しばかり補足が必要です。たとえば図 7.2 のような電気回路を考えてみてください。二枚の板のようなものが描かれた部分はコンデンサーあるいはキャパシターとよばれるデバイスです。それが何をするものかはここでは詳しくお話ししませんが、絵の通りに平べったい金属の板が二枚向かい合わせになっていると思ってください。回路を閉じる（スイッチを入れる）と電池から電流が流れ出し、電池のプラスの極につながった方の金属板に $+Q$ (> 0)、マイナスの極につながった方の金属板に $-Q$ (< 0) の電荷があらわれます。そのようにして電荷をたくわえるのがコンデンサーの一つのはたらきです。しかしコンデンサーには際限なく電荷がためられるわけではなく、電荷を送り込もうとする電池のはたらきの大小に応じてある程度のところまで電荷がたまると、ほどなく電荷の動きはとまります。注目してもらいたいのは、スイッチを入れたその瞬間、回路の導線部分には電流 I が流れる一方で、コンデンサーのギャップのところだけは電流が断絶している状況です。

電流が流れると、その電流を軸として、磁場は渦を巻くように発生します。図 7.2 の回路で、導線のまわりに図のように閉曲線をつくり導線に沿って動かしていくと、「閉曲線が張る曲面を貫く電流の値」はこのギャップのところ

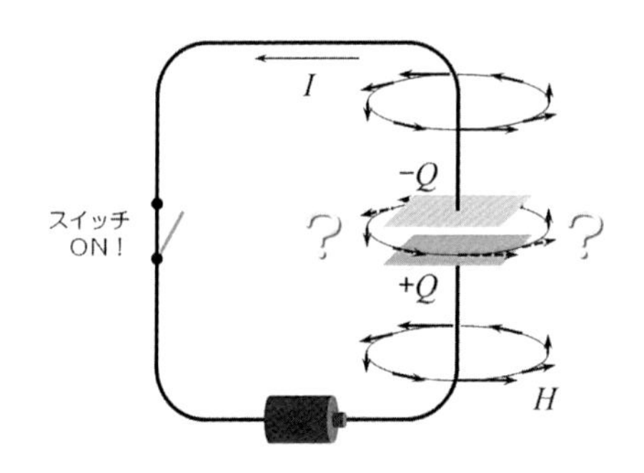

図 7.2　コンデンサーを充電しているときの磁場のようす.

だけ0になります。このギャップが何ミクロンかは知りませんが、いま述べた「　」内のものに等しいとアンペールの法則が主張する「閉曲線に沿った磁場の接線方向成分の積分値」がそこだけ不連続的に0になるというのはいかにも不自然な話です。そもそもアンペールの法則の閉曲線は、円のように平面にのるものばかりを想定しているわけではありません。閉曲線が張る曲面も形がこうでなければならないと決まっているわけではありません。

このようなアンペールの法則の不都合は、じつは次のようにして回避されています。ギャップの部分はたしかに絶縁されていて、電荷はここをとびこえて移動することはできません。しかしここには何もないわけではありません。コンデンサーに $\pm Q$ の電荷があるとき、二枚の金属板のあいだには電場が生じていて、プラスの板からマイナスの板に向かって電束線がはしっています。その、$+Q$ から出て $-Q$ へと入っていく電束線の数が Q 本だ、というのがガウスの法則でした。金属板に向かって Δt 秒間に ΔQ クーロンの電荷が送り込まれるようなペースで電流 $I = \Delta Q / \Delta t$ が流れているとき、ギャップのところでは Δt 秒間に ΔQ 本の割合で電束線が増減しています。つまり、電束の時間微分という量が、導線部を流れる電流を連続的につないでいるのです。この電束の時間微分のことも電磁気学では電流とよんでいて、電束電流あるいは変位電流とよばれています。これに対して、電荷が移動する、ふつうの意味での電流は、伝導電流とよばれています。

磁場の発生源は電流であり、「閉曲線に沿った磁場の接線方向成分の積分値は、閉曲線が張る曲面を貫く電流の値に等しい」というアンペールの法則の文言自体は間違っていません。ただし、そこでいっている電流にはじつは二種類のものがあり、電荷が移動すること（伝導電流）によってももちろん磁場は発生するけれども、電場の状況に何らかの時間変化（電束電流）があっても磁場は発生するのです。このように電流の概念を拡張して補完されたアンペールの法則を、マクスウェル－アンペールの法則といいます。

［註］

26　以前はμ_0の値を$4\pi \times 10^{-7}$ N/A^{2}としていましたが、2018年に定義が改訂され、他の量をもとにμ_0の値が定められるようになったため、いまでは小数で表記されるようになっています。値としてはほとんど変わりません。なお、真空の誘電率ε_0を電気定数とよんだように、真空の透磁率μ_0は磁気定数ともよばれています。

27　NかSのどちらか一方だけしかもたない仮想的な粒子のことをモノポール（磁気単極子）といいます。電気と磁気の対称性から理論的に考察を進めたディラックの研究などが有名ですが、これまでのところ実際に観測されたという報告はありません。

28　これらのベクトル場には$\boldsymbol{D} = \varepsilon_0 \boldsymbol{E}$および$\boldsymbol{B} = \mu_0 \boldsymbol{H}$という常用の記号もあります。空気中や水中など、正負やNSの分極が電磁場に単純に比例するような（誘電率εや透磁率μが定数とみなせるような）場合には、電束密度は$\boldsymbol{D} = \varepsilon \boldsymbol{E}$、磁束密度は$\boldsymbol{B} = \mu \boldsymbol{H}$と書くことができます。電磁気学ではこれらの$\boldsymbol{E}$と$\boldsymbol{H}$と$\boldsymbol{D}$と$\boldsymbol{B}$をすべてつかって現象を記述することが多いのですが、本書では物質中の電磁場の話はほとんどでてきませんので、記号が増えることによる混乱を避け、$\boldsymbol{D}$、$\boldsymbol{B}$はつかわずに（$\varepsilon_0 \boldsymbol{E}$、$\mu_0 \boldsymbol{H}$のままで）進めていきます。一方、電束、磁束という言葉自体は、説明を簡単にしたり、理解を助けるのに役立ちますので、以降織り交ぜてつかっていきます。

29 磁石のなかにはマクロな電気の流れはありませんが、原子核のまわりを回る電子の軌道運動と電子自体の内部運動が主として磁場を発生させる電流の役割をはたしています。「内部運動」は、簡易的に電子の自転になぞらえて説明することもありますが、要は電子がそのような性質をもった素粒子だということです。

30 以下本文に示されているように、物理量のあいだの関係式の両辺（各項）が等しい次元をもつことを手がかりに、未知の部分の次元（付されるべき単位）を検討することを、次元解析といいます。

31 電荷の大きさが、そこに出入りする電束線の数を表していること（電場のガウスの法則）と対応しています。クーロンは、電荷の単位であり、電束の単位です。

第8章

電気・磁気・光

磁場の“回転”

マクスウェル－アンペールの法則は、式をつかうと次のように表せます。

$$\oint_C H_l \, \mathrm{d}l = \int_S \left(i_n + \frac{\partial}{\partial t} \varepsilon_0 E_n \right) \mathrm{d}S$$

左辺の C は空間内に任意に設定した閉曲線（輪っか）で、計算自体は C を適当なところで切り開いて横軸にして、磁場の接線方向成分 H_l の値を縦軸にとって描いたグラフの面積をもとめる計算です（図 7.1 参照）。にょろにょろのまん中に○がついた $\oint$… という記号は、ぐるっと一周積分する周回積分の記号です。一方右辺は、閉曲線 C をふちとする任意の曲面 S（C が円なら S は円板など）上の面積分です。第一項の i_n は、単位面積あたりの電流を表す電流密度ベクトル $\boldsymbol{i}$ の S に垂直な成分、法線方向成分です。$i_n \times \mathrm{d}S$ で微小面積 $\mathrm{d}S$ を貫く電流になり、それを S にわたって足し合わせていくことで C を貫く伝導電流の総量がでてきます。第二項は電束電流の部分で、同じように、電束密度の法線方向成分 $\varepsilon_0 E_n$ に $\mathrm{d}S$ をかけたものを S の全領域にわたって足し合わせることで C を貫く電束線の総数がもとまり、そこに時間微分の記号（ベクトル場である電束密度はすでに空間座標の関数ですから、その時間微分には偏微分の記号をつかいます）がついていますから、電束の時間微分である電束電流ということになります。

この式はマクスウェル－アンペールの法則の積分形の式です。閉曲線 C をどんどん小さくして一点に押し縮めた微分形の式はこんなふうに書きます。

$$\mathrm{rot}\,\boldsymbol{H} = \boldsymbol{i} + \frac{\partial}{\partial t}\varepsilon_0 \boldsymbol{E}$$

rot は日本語で「回転」とよばれる微分記号です。rotation のはじめの三文字をとって rot と書きます。ガウスの法則にでてきた div と同じくベクトル場に対する微分記号です。div がベクトル場を微分して数がでてくる計算だったのに対して、rot はベクトル場を微分してベクトルがでてくる計算です[32]。具体的には、

$$\mathrm{rot}\,\boldsymbol{A} = \begin{pmatrix} \dfrac{\partial A_z}{\partial y} - \dfrac{\partial A_y}{\partial z} \\ \dfrac{\partial A_x}{\partial z} - \dfrac{\partial A_z}{\partial x} \\ \dfrac{\partial A_y}{\partial x} - \dfrac{\partial A_x}{\partial y} \end{pmatrix}$$

という計算をします。これで何がもとまるのか雰囲気をつかむために、x 成分に着目して、ベクトル場 $\boldsymbol{A}$ がどんな状況であれば値が大きくなるかを考えてみましょう。x 成分 $\partial A_z/\partial y - \partial A_y/\partial z$ は、$\boldsymbol{A}$ の y 成分と z 成分で決まっていて、$\partial A_z/\partial y$ がプラスで大きな値をもち、かつ、$\partial A_y/\partial z$ がマイナスで大きな値をもつときに、全体として大きな値をもつことが分かります。

図 8.1 をみながら以下の説明を追ってみてください。yz 平面内に、y 軸に平行な辺の長さが Δy、z 軸に平行な辺の長さが Δz の小さな四角形をおいてみます。$\partial A_z/\partial y$ がプラスで大きな値をもつときというのは、たとえば、もともとプラスだった z 方向の流れ $A_z\,(> 0)$ がほんのわずか y 軸の正方向に場所を移したときにぐっと大きくなるか（①）、

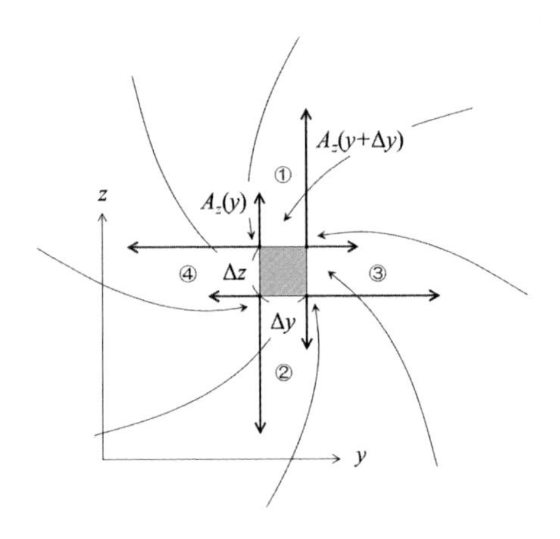

図 8.1　ベクトル場 A のなかにおかれた小さな四角形.

あるいは、もともとマイナスだった z 方向の流れ $A_z\,(<0)$ が同じくほんのわずか y 軸の正方向に場所を移したときにぐっと小さく（ゼロに近く）なるか（②）したときです。一方、$\partial A_y/\partial z$ がマイナスで大きな値をもつときというのは、たとえば、もともとプラスだった y 方向の流れ $A_y\,(>0)$ がほんのわずか z 軸の正方向に場所を移したときにぐっと小さくなるか（③）、あるいは、もともとマイナスだった y 方向の流れ $A_y\,(<0)$ が同じくほんのわずか z 軸の正方向に場所を移したときにさらに大きくマイナスになるか（④）したときです。

この絵（図 8.1）一つで納得というわけにもいかないかもしれませんが、rot という計算は、そこで流れが渦を巻いていると大きな値をもちます。rot $\boldsymbol{A}$ の大きさはその場所におけるベクトル場 $\boldsymbol{A}$ の渦の強さ、方向は渦の回転軸の方向を表しています。マクスウェル－アンペールの法則の微分形の式は、磁場が渦を巻いていると、その渦中心には電流がはしっている、ということを式で表現したものなのです。

微分積分学の基本定理

ここで一つ数学上のコメントをしておきます。関数 $f'(x)$ に対して、x が a から b の範囲にわたってグラフと横軸とで囲まれる面積をもとめる定積分の計算は、微分したら $f'(x)$ になるもとの関数（原始関数）$f(x)$ の $x=a$ における値と $x=b$ における値の差で計算できる、という話がありました（6章）。

$$\int_a^b f' \, \mathrm{d}x = f(b) - f(a)$$

関数値を足し合わせていく積分の計算が、グラフの傾きをもとめる微分の計算を介して、積分区間の端点における原始関数の値だけで計算できることは、おそらく数学上のちょっとした発見だったのだろうと思います。微分と積分のあいだのこの関係は、微分積分学の基本定理とよばれています。

一方、いま紹介したマクスウェル－アンペールの法則の微分形の式と積分形の式をみくらべると、任意のベクトル場 $\boldsymbol{A}$ に対して次の等式が成り立つことが分かります。

$$\int_S (\mathrm{rot}\,\boldsymbol{A})_n \, \mathrm{d}S = \oint_C A_l \, \mathrm{d}l$$

これはベクトル場を扱うベクトル解析とよばれる数学の分

野でストークスの定理とよばれている関係式で、二次元の領域 S にわたるベクトル場 $\mathrm{rot}\,\boldsymbol{A}$ の面積分の計算が、rot という微分計算をしたらそのベクトル場を与えるようなもとのベクトル場 $\boldsymbol{A}$ の、外周（境界線）C 上の値で計算できることを表しています。S をメッシュ状にこまかく切り刻み、一つひとつのメッシュで渦の具合を計算して足し合わせると、メッシュの境目は隣り合ったメッシュどうしで渦を逆回りに勘定するため寄与が相殺し、結果的に S の外周 C 上の線積分だけがのこるのです。

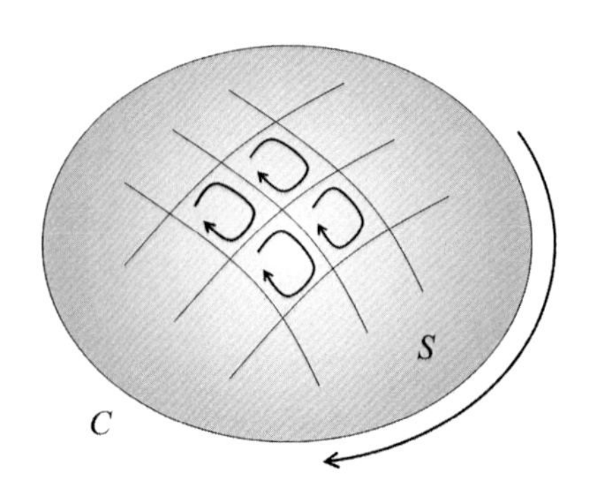

図 8.2　ストークスの定理.

さらに、前にやった電場のガウスの法則の微分形の式と積分形の式をくらべてみてください。任意のベクトル場 $\boldsymbol{A}$ に対して

$$\int_V \mathrm{div}\,\boldsymbol{A}\,\mathrm{d}V = \int_S A_n\,\mathrm{d}S$$

という式が成り立つことが分かります。こちらはガウスの定理とよばれている関係式で、三次元の領域 V にわたるス

カラー場 div $\boldsymbol{A}$ の体積積分の計算が、div という微分計算をしたらそのスカラー場を与えるようなもとのベクトル場 $\boldsymbol{A}$ の、表面（境界面）S 上の値で計算できることを表しています。V をサイコロ状にこまかく切り刻み、一つひとつのサイコロで湧き出しを計算して足し合わせると、あるサイコロから湧き出たものは必ずとなりのサイコロに吸い込まれますから、結果的に表面 S を通して領域 V に出入りする面積分だけがのこるのです。

以上の三つはいずれも微分操作を介して積分領域の次元の昇降が可能であることを示すもので、数学的には同じものの個別表現といってもいいものなのです。

電磁誘導

さて、話を物理にもどします。エルステッドの発見によって電気と磁気とが関係していて、電気で磁気が引き起こせることが分かると、それなら磁気で電気をつくることもできるのではないか、と考えるのはおそらく自然な発想でしょう。そうして見出されたのが、電磁誘導という現象です。電磁誘導は、大ざっぱにいえば、マクスウェル－アンペールの法則で電気と磁気の役割を入れ替えたものです。

マクスウェル－アンペールの法則はこんなふうに表現されていました――「閉曲線に沿った［ア］の接線方向成分の積分値は、閉曲線が張る曲面を貫く［イ］の値に等しい」。アには「磁場」、イには「電流」という言葉がそれぞれ入っていました。その電の字と磁の字を入れ替えると、磁場のところが電場になり、電流のところが（とりあえずそのまま書くと）磁流になります。しかしNとSを切りはなすことはできないので、導線のなかをNやSが流れるような磁流はありません。この磁流のところには、電束電流に対応する磁束磁流、つまり、「磁束の時間微分」という言葉が入ります。空間に任意の輪っかを考えたときに、そこを貫く磁束が増減すると、その輪っかに沿って電場が発生する、これが電磁誘導の法則です。磁場の状況が変化することによって電場が生じるという、物質ではなくて場のあいだの関係が電磁誘導の本質ですが、電場は電荷に力を及ぼすので、そこにたとえば金属があれば、結果的に電磁誘導によって金属に電流を流すことができます。発電所で電気をつくったり、製品に合わせて電圧を変換したり、電磁誘導の原理は身のまわりのいろいろなところで応用されています。

式は、積分形が

$$\oint_C E_l \, \mathrm{d}l = -\int_S \frac{\partial}{\partial t} \mu_0 H_n \, \mathrm{d}S$$

微分形が

$$\mathrm{rot}\, \boldsymbol{E} = -\frac{\partial}{\partial t} \mu_0 \boldsymbol{H}$$

です。マクスウェル－アンペールの法則との対応をみれば、もはや説明はいらないでしょう。マクスウェル－アンペールの法則との違いは、電磁誘導の方には、伝導電流 $\boldsymbol{i}$ に対応する項がないことと右辺にマイナスの符号がついていることです。このマイナスは、渦を巻く方向が逆回りであるところからきています。アンペールの法則では、電流が流れる方向にねじの進む向きを合わせたときにねじを回す向き（右回り）に磁場が発生するのに対して、電磁誘導では、増えていく磁束の向きに対してねじを緩める向き（左回り）に誘導電場が発生します。

マクスウェル方程式と電磁波

ここまでみてきた電磁気現象は以下の四項目にまとめることができます。

1. 電荷は電束の湧き出し（吸い込み）　$\mathrm{div}\,\varepsilon_0\boldsymbol{E}=\rho$
2. 磁束には湧き出しがない　$\mathrm{div}\,\mu_0\boldsymbol{H}=0$
3. 電流（変動電場）は磁場の渦中心　$\mathrm{rot}\,\boldsymbol{H}=\boldsymbol{i}+\frac{\partial}{\partial t}\varepsilon_0\boldsymbol{E}$
4. 変動磁場は電場の渦中心　$\mathrm{rot}\,\boldsymbol{E}=-\frac{\partial}{\partial t}\mu_0\boldsymbol{H}$

電池が発明され、十九世紀になって爆発的に進んでいった電磁気現象の記述を、このような方程式群にまとめあげたのはマクスウェルという人で、この四つ組の方程式のことをマクスウェル方程式といいます。微分形の式を書き添えましたが、式はもちろん積分形でもかまいません。このマクスウェル方程式が、電磁気現象の基本方程式です。

電磁気現象の理解しづらい点の一つは、物質だけでなく場という目にみえない量が主役として登場してくるところではないかと思いますが、実際、上に書いた四つ組の方程式は、物質がまったくない状況でも、何らかの電磁気現象が起きることを示しています。物質が何もない真空中のマクスウェル方程式は

$$\mathrm{div}\,\boldsymbol{E}=0\,,\quad \mathrm{div}\,\boldsymbol{H}=0\,,\quad \mathrm{rot}\,\boldsymbol{H}=\varepsilon_0\frac{\partial}{\partial t}\boldsymbol{E}\,,\quad \mathrm{rot}\,\boldsymbol{E}=-\mu_0\frac{\partial}{\partial t}\boldsymbol{H}$$

となります。マクスウェル方程式のなかで暗に物質の存在をいっているのは電荷密度ρと伝導電流$\boldsymbol{i}$ですから、これらの項はなくなります。ε_0とμ_0は定数なので微分記号の外にだすことができます。この真空中でのマクスウェル方程式は、電場$\boldsymbol{E}$と磁場$\boldsymbol{H}$についての連立方程式で、組み合わせると（$\boldsymbol{E}$と$\boldsymbol{H}$のどちらかを消去して、どちらかだけの式にすると）電場と磁場がそれぞれ波動方程式とよばれるタイプの方程式にしたがうことがみちびかれます。

波動方程式というのは、たとえば、

$$\frac{\partial^2 f}{\partial t^2}=v^2\frac{\partial^2 f}{\partial x^2}$$

のような形をした方程式のことをいいます。fは空間座標xと時間tの関数、$v\,(>0)$は定数で、上の式は空間が一次元の場合の波動方程式です。一変数関数$F(X)$のXのところを$x-vt$というかたまりで置き換えてつくられる関数、たとえば、$(x-vt)^2$や$\sin(x-vt)$などは、微分できないような風変わりなものでないかぎりすべてこの方程式をみたします。$F(x-vt)$をtで二回微分すると、

$$F(x-vt)\xrightarrow{t\text{で微分}}F'(x-vt)\times(-v)$$
$$\xrightarrow{t\text{で微分}}F''(x-vt)\times(-v)^2$$

となります。$F(X)$をXで微分することによる関数形の変化が$F\rightarrow F'\rightarrow F''$（たとえば、$F(X)=X^2$なら$F'(X)=2X$、$F''(X)=2$、$F(X)=\sin X$なら$F'(X)=\cos X$、$F''(X)=-\sin X$）、

$-v$ は合成関数の微分（4 章）によってでてくる因子です。一方、x で微分したときには、合成関数の微分ででてくる因子は 1 ですから、二回微分すると、

$$F(x - vt) \xrightarrow{x\text{で微分}} F'(x - vt) \times 1 \xrightarrow{x\text{で微分}} F''(x - vt) \times 1^2$$

となります。この二つをみくらべると、t で二回微分したものが x で二回微分したものの v^2 倍になっていますから、$F(x-vt)$ が関数形によらず波動方程式を満足していることが分かります。

$F(x-vt)$ の t に 0, 1, 2, 3, ……を代入すると、$F(x)$, $F(x-v)$, $F(x-2v)$, $F(x-3v)$, ……となります。関数形は任意ですからどんなグラフかは分かりませんが、横軸に空間座標 x をとって描きならべると、図 8.3 のようになります。$F(x-v)$ は $F(x)$ を x 軸の方向に v だけ平行移動したグラフ、$F(x-2v)$, $F(x-3v)$ はそれぞれ $2v$ および $3v$ だけ平行移動したグラフです。つまり、$F(x-vt)$ は、F という量の空間分布が、t が 1 進むごとに x 軸の正の方向に v ずつ移動していく、進行波とよばれる現象の数学表現になっているのです。

気がついた人もいるかもしれませんが、x と t が、$x-vt$ ではなく $x+vt$ という形でセットになっている任意の関数

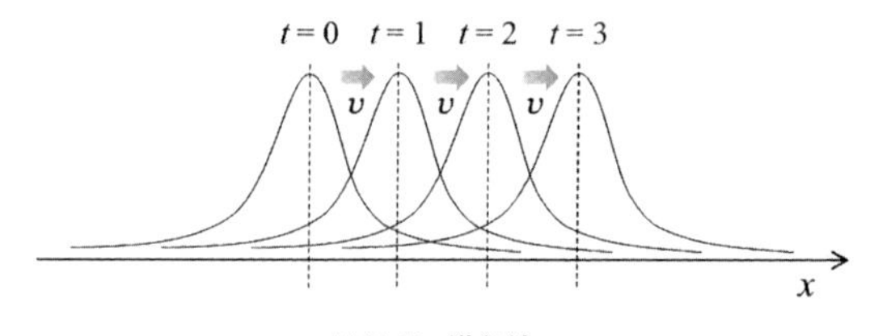

図 8.3　進行波．

$G(x+vt)$ も同じ波動方程式をみたします。こちらは速さ v で x 軸の負の方向に進んでいく進行波です。一次元の波動方程式の解は、一般に、正負の方向に速さ v で進む任意の進行波のかさね合わせ $F(x-vt)+G(x+vt)$（ダランベールの解といいます）で表現することができます。

波動方程式の説明が長くなりましたが、真空中のマクスウェル方程式を変形すると、電場や磁場が、空間が三次元の場合の波動方程式にしたがい、真空中を波として伝わっていくことが数学的にみちびかれます。定性的に説明すればこういうことが起きます。電流が流れるとアンペールの法則にしたがってそのまわりに磁場ができます。この電流が時間とともに向きや大きさを変えるものなら、まわりに生じる磁場も時間とともに向きや大きさを変えるでしょう。磁場が時間とともに向きや大きさを変えると、こんどはそのまわりに電場ができます。電磁誘導です。磁場が時間とともに向きや大きさを変えるものなら、誘導電場もやはり向きや大きさを変えます。この時間変動する電場は電束電流であり、そのまわりにまたしても磁場が生み出されます（マクスウェル－アンペールの法則）。こうして電場と磁場は、いったんどこかで変化が起こると、お互いがお互いを生み出し、どこまでもどこまでも進んでいきます。これが電磁波です。マクスウェル方程式を変形して得られる波動方程式の v^2 のところには $1/\varepsilon_0\mu_0$ という組み合わせがあらわれ、各定数の値をつかって計算すると v が光の速さに等しくなることが分かります[33]。こうしてマクスウェルは、光の正体が電磁波であることを理論的に突き止めたのでした。

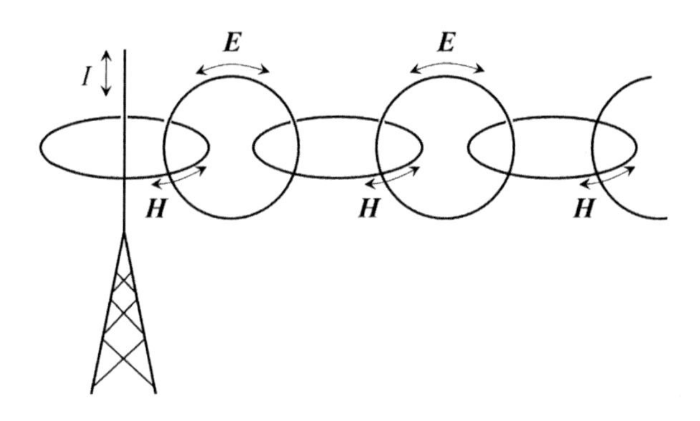

図 8.4　電磁波が発生するようすを模式的に表した図.

［註］

32　ベクトル場 $\boldsymbol{A}$ に対して、rot $\boldsymbol{A}$ 自体もまた別のベクトル場になります。div $\boldsymbol{A}$ はスカラー場です。

33　$\varepsilon_0 \approx 8.85 \times 10^{-12}\ \mathrm{C^2/Nm^2}$ と $\mu_0 \approx 1.26 \times 10^{-6}\ \mathrm{N/A^2}$ をつかって計算してみてください。v はおよそ秒速 30 万キロになります。

第9章

光速不変

エーテルのなかを漂う地球

光が電気や磁気の波であることをマクスウェルが理論的に示した十九世紀後半当時、この宇宙は光を伝えるエーテルとよばれる何ものかでみたされているという考えが一般に流布していました。海の波は水のうねりであり、音は空気の振動です。光の場合にはエーテルとよばれる希薄な何ものかが宇宙空間を覆い尽くしていて、その振動として、はるか彼方から星の光がやってくるのだろうという考えです。実際、マクスウェルの予測にもとづいてヘルツが電磁波の発生、検出を実験的に成功させた際には、電磁波よりもむしろエーテルが検出されたという論調もあったようです[34]。

そうした宇宙観のもとで、地球がエーテルのなかをどちら向きにどんな速さで進んでいるかを明らかにしようとする機運が高まります。すべての天体が地球を中心に回っていると考えられていた時代があり、地球は太陽のまわりを回る惑星の一つにすぎず太陽こそが宇宙の中心であると考えられていた時代があり、その太陽もおそらくは絶対的な座標原点になりえないと気づいた人間が次にたどりついたのが、エーテルが静止した座標系を基準にするアイデアだったのです。

地球は太陽のまわりを光速の一万分の一ほどのスピードで回っていますから、エーテルの状態がそれほど頻繁に変わるものでないなら、半年経てばエーテルのなかを地球が走り抜けるスピードには光速の一万分の二ほどの違いがあらわれるはずです。

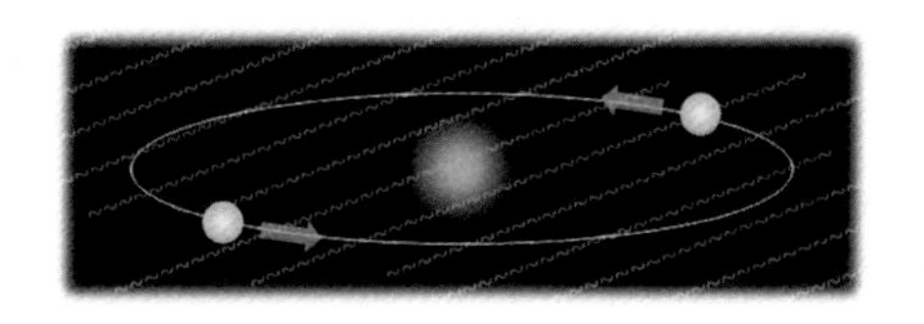

図 9.1　エーテルのなかで太陽のまわりを公転する地球.

それを確かめる方法は理屈としてはきわめて簡単で、ただ地球上で光の速さを測定すればいいのです。光の速さは極端に速いので、その変動を検出するのは実際問題としては大変かもしれませんが、とにかく光に固有の速さはおそらく静止したエーテルに対する速さであり、エーテルに対して相対速度をもつ観測者が光の速さを測定すれば微妙に違った値が得られるはずです。1 メートル毎秒の速さで流れる川を 5 メートル毎秒の推進力をもつ船が進むのを岸に立ってながめると、船は地面に対して、川を上る場合には 4 メートル毎秒で、川を下る場合には 6 メートル毎秒で進むようにみえます。地球が静止エーテルのなかを 1 メートル毎秒で進み、光がエーテルを振動させて進むスピードが 5 メートル毎秒であれば、地上では、エーテルの流れに逆らって（地球が静止エーテルのなかを進む向きに）進む光の速さは 4 メートル毎秒にみえ、エーテルの流れの向きに進む光の速さは 6 メートル毎秒にみえるはずです。問題は、光はとにかく速いですから、少なく見積もっても半年のあいだには一万分の一ほどの変動があらわれるはずだとはいっても、その違いを見極められるだけの精度のある測定ができるかどうかです。

ガリレイ変換

話を先に進める前に、いま述べた、6 メートル毎秒にみえたり 4 メートル毎秒にみえたりという話を少し一般的な書き方でまとめておきます。静止エーテルに貼りつけた座標系を A、そのなかを速さ v で漂う地球に貼りつけた座標系を B として、地球が進む向きにそれぞれの x 軸を合わせます（図 9.2)。このとき、A 系で速度の x 成分が v_A と観測された場合、B 系では速度の x 成分は $v_B = v_A - v$ と観測されます。たとえば、$v = 1$ m/s として、ものは光でも船でもボールでも何でもいいですが、A 系で x 軸の方向に 5 メートル毎秒で進んでいたとします。このとき $v_A = 5$ m/s、$v_B = v_A - v = 4$ m/s となって、B 系では 4 メートル毎秒で動いているようにみえます。A 系で x 軸の負の向きに 5 メートル毎秒で進んでいた場合には、$v_A = -5$ m/s、$v_B = v_A - v = -6$ m/s。これが先ほどの 4 メートル毎秒にみえたり 6 メートル毎秒にみえたりという話です。

v_A が時間とともにどのように変化するかしないかを表す式なりグラフなりを時間で微分するとA系で観測したときの加速度（の x 成分）a_A が得られ、積分すると A の座標系でみた位置座標（の x 成分）x_A が得られます。v_A が t の一次式なら、a_A は定数、x_A は二次式です。同じように、v_B が時間とともにどのように変化するかしないかを表す式なりグラフなりを時間で微分するとB系で観測したときの加速度（の x 成分）a_B が得られ、積分すると B の座標系でみた位置座標（の x 成分）x_B が得られます。A 系に対する B 系の相対速度 v が 1 メートル毎秒なら 1 メートル毎秒で一定である場合、速度の合成則の式 $\boldsymbol{v}_{\mathrm{B}} = \boldsymbol{v}_{\mathrm{A}} - \boldsymbol{v}$ を時間で積分すると x_{A} と x_{B} のあいだには $x_{\mathrm{B}} = x_{\mathrm{A}} - \boldsymbol{v}t + C$ という関係があることが分かります。C は積分定数です。たとえば A 系と B 系の yz 平面（$x = 0$）がかさなった瞬間を $t = 0$ とすることにすれば $C = 0$ です。このような、二つの異なる座標系でみた位置座標の読みのあいだの関係を、一般に、座標変換といいます。いまのように相対速度 $\boldsymbol{v}$ が一定である場合の座標変換 $x_{\mathrm{B}} = x_{\mathrm{A}} - \boldsymbol{v}t$（$+ C$）はとくにガリレイ変換とよばれています。

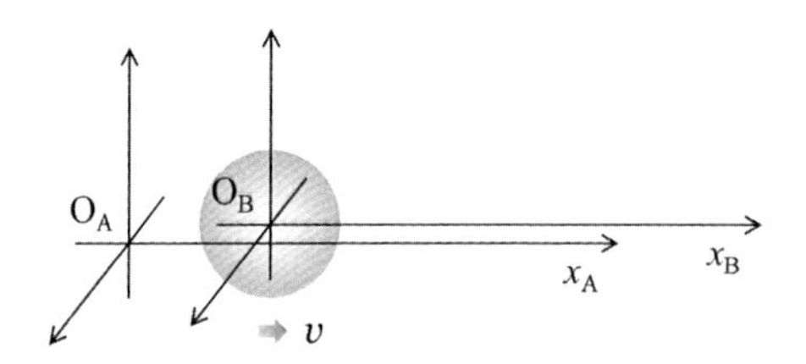

図 9.2　静止エーテルに貼りつけた座標系 A と地球に貼りつけた座標系 B .

ガリレイ変換の式を時間で二回微分すると

$$x_{\mathrm{B}} = x_{\mathrm{A}} - vt \quad \rightarrow \quad v_{\mathrm{B}} = v_{\mathrm{A}} - v \quad \rightarrow \quad a_{\mathrm{B}} = a_{\mathrm{A}}$$

となってA系とB系とでは加速度のレベルでは違いがないことが分かります。このことは、一方の座標系が $m\boldsymbol{a} = \boldsymbol{F}$ というニュートンの運動方程式を成り立たせる世界である場合、もう一方の座標系でも、物体の運動は同一の運動方程式 $m\boldsymbol{a} = \boldsymbol{F}$ で記述できることを意味しています。飛行機が一定の速さでまっすぐ水平に飛んでいる場合、投下された物体は飛行機からは自由落下のようにみえ、地上からは水平投射のようにみえます。そのようなみえ方の違いはあっても、飛行機のなかにいる人も地上にいる人も、$ma = F$という同じ方程式で物体の運動をとらえることができるのです。座標の設定のし方に依存しない自然のとらえ方は、それだけ普遍性の高いものとみていいでしょう。ニュートンの運動方程式は少なくともガリレイ変換に対しては形を変えないだけの普遍性をもっているのです。

マイケルソンの実験と収縮仮説

さて、話をもどします。静止エーテルに対する光の速さをc、静止エーテルのなかを地球が漂う速さをvとすると、当時の科学者たちのもくろみとしては、地上で適当な方向に進む光の速さと反対向きに進む光の速さには違いがあるはずで、向きをうまく合わせれば、一方は$c-v$、もう一方は$c+v$となって、地球が静止エーテルに対してどちら向きにどんな速さで動いているかが分かるだろうというわけです。しかし原理は簡単でも、秒速30万キロにもなる光の速さを一万分の一の精度で決めるというのはなかなかむずかしそうです。この計画を巧妙なアイデアで実行に移したのが有名なマイケルソンたちの干渉計の実験です。

干渉というのは、二つの波をかさね合わせたときに、波の山と山、谷と谷がかさなると振幅（山の高さ、谷の深さ）が大きくなって、山と谷がかさなると振幅が小さくなる現象です。この干渉の効果を利用すると、速さや波長（となり合う山と山、谷と谷のあいだの距離）が微妙に異なる二つの波をかさねたときに特有の現象が観察されます。式をつかって実験（？）してみましょう。速さ$\boldsymbol{v}$でx軸の正の方向に進む進行波は$A\sin(x-vt)$と書くことができます（前の章の波動方程式のところを思い出してください）。Aは振幅、波形はにょろにょろとしたサイン関数（正弦波といいます）です。速さが$\boldsymbol{v}\pm\Delta\boldsymbol{v}$でほんの少しだけ違う二つの波がかさなると

$$A\sin[x-(v+\Delta v)t]+A\sin[x-(v-\Delta v)t]$$
$$=2A\cos(\Delta v\cdot t)\cdot\sin(x-vt)$$

となります。この式は、$\alpha=x-vt$、$\beta=\Delta\boldsymbol{v}\cdot t$とおいて三角関数の加法定理$\sin(\alpha\pm\beta)=\sin\alpha\cos\beta\pm\cos\alpha\sin\beta$をつかうと簡単にでてきます。二つの波の速さがまったく同じなら（$\Delta\boldsymbol{v}=0$なら）かさなった波は$2A\sin(x-vt)$で単に振幅が二倍になるだけですが、速さがわずかに違っていると振幅に$\cos(\Delta\boldsymbol{v}\cdot t)$という因子がかかります。$\Delta\boldsymbol{v}$が非常に小さい量ならこのコサインの因子は+1と–1のあいだをゆっくり振動し、振幅は0と$2A$のあいだをゆっくり振動します。音であれば大きくなったり小さくなったり、光であれば明るくなったり暗くなったりといった現象がみられることになります。この現象をうなりといいます。楽器の音や機械ものの回転数はわずかにずれているとうなりを生じるので耳で聴いてうなりがなくなるように合わせ込むことができます。

原理はそのようなことで、あとはこまかな話になりますが、マイケルソンたちは別々の方向にとばした光を一つにかさねて、速さの違いからくる光の到達時間の差を干渉効果を利用して大きな変動としてとらえようとしたのです。

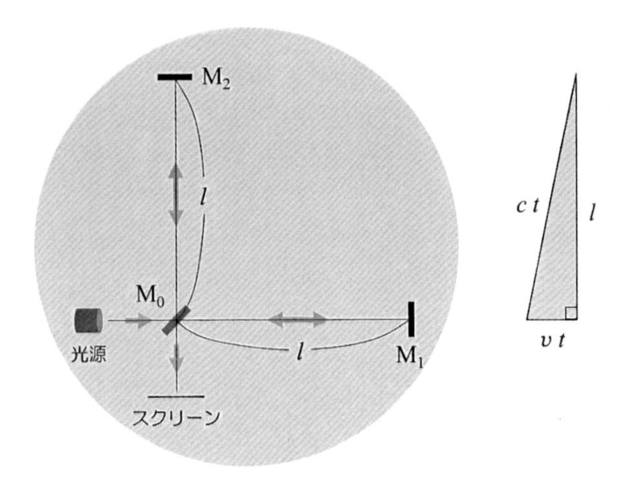

図 9.3　マイケルソンの干渉計.

図 9.3 に示したのが模式的な実験配置図です。光源から出た光を半透鏡とよばれるデバイス M_0 で直進方向と直角方向とに分離し、それぞれ l だけはなれた場所にある鏡 M_1, M_2 で反射されてもどってきた光をふたたび M_0 でかさね合わせてスクリーン上に投影するのです。M_0M_1 間の長さと M_0M_2 間の長さが寸分の違いもなくぴったり l だったとしても、実験の予測によれば二つの鏡を光が往復する時間には違いが生じます。もし幸運にも M_0 から M_1 に向かう方向が、地球が静止エーテルのなかを進む方向にぴったり一致していたとすると、M_0 から M_1 に向かう光の速さは $c-\boldsymbol{v}$、M_1 で反射されて M_0 にもどっていく光の速さは $c+\boldsymbol{v}$ ですから、往復に要する時間は、

$$t_1 = \frac{l}{c-v} + \frac{l}{c+v} = \frac{2lc}{c^2 - v^2} = \frac{2l}{c} \cdot \frac{1}{1 - v^2/c^2}$$

となります。一方、M_2 を往復する方の光は、地上（B 系）からみた速さはすぐには分からないので、静止エーテルに貼りつけた座標系（A 系）に立場を移して考えてみましょう。そのヒントが右に書いた直角三角形です。地球の外に立ち静止エーテルに身をおいてながめると、光の速さは c であり、この実験装置は地球とともに左から右に（M_0 から M_1 にむかう向きに）速さ v で漂っています。M_0 で分離された光が M_2 に到達するまでの時間を t とすると、その間に実験装置は左から右に $v \times t$ だけ移動し、光は直角三角形の斜辺に沿って $c \times t$ だけ進みます。直角三角形の縦の辺の長さは M_0M_2 間の長さですから l です。結局、$(vt)^2 + l^2 = (ct)^2$ という三平方の定理の式が成り立ち、これから光が M_2 に到達するまでの時間 t をもとめることができます。往復に要する時間はその二倍です。

$$t_2 = \frac{2l}{\sqrt{c^2 - v^2}} = \frac{2l}{c} \cdot \frac{1}{\sqrt{1 - v^2/c^2}}$$

実際には、M_0M_1 間の長さと M_0M_2 間の長さはぴったり一致していなくてもいいのです。M_0 から M_1 に向かう方向が静止エーテルのなかを地球が進む方向にぴったり一致していなくてもいいのです。とにかくスクリーン上には二つの光の干渉にともなう縞模様が映し出され、この実験装置を回転台にのせてゆっくり回していけば、エーテルの風向きが変わって干渉縞は位置を変えていくはずなのです。ところが、何度も何度もくり返されたこの実験はことごとく失敗します。干渉縞は、向きを変えても場所を変えても季節を変えても、微動だにしなかったのです。

この実験結果は、ニュートン力学やマクスウェルの電磁気理論といった絢爛豪華な物理理論が打ち立てられていく一方で、その基本のキとでもいってもいいような速度の合成則 $\boldsymbol{v}_{\mathrm{B}} = \boldsymbol{v}_{\mathrm{A}} - \boldsymbol{v}$ が成り立たないということ、あるいは従来の理論に何か大きな見落としや思い違いがふくまれているかもしれないということを暗示しており、当時の学界にはかなり深刻な問題として受け止められたようです。

この不可解な結果を何とか説明するために、フィッツジェラルドとローレンツは、独立に、エーテルの風によって物体が縮むとする妙案を提唱します。原子のなかには電気や磁気が潜んでいて、光が電磁波であることを考えれば、物体がエーテルから何らかの電磁気的な作用を受けたとしてもおかしくはないかもしれません。その効果がちょうど上記の t_1 と t_2 の時間差を打ち消すようにはたらいて、干渉縞をつねに定位置にたもっているのだとする解釈です。具体的には、エーテルのなかを速さ v で進むと、物体はエーテルの作用を受けて運動方向（エーテルの風を受ける方向）の長さが

$$l \quad \rightarrow \quad l \cdot \sqrt{1 - \frac{v^2}{c^2}}$$

だけ収縮すると考えるのです。そのように考えれば、上に示した t_1 の式のなかの l は $\sqrt{1 - v^2/c^2}$ 倍されますから、たしかに t_1 と t_2 の違いはなくなります。エーテルの作用によ

るこの収縮を、フィッツジェラルド-ローレンツ収縮といいます。この収縮はものさしをあてて実測しようにも、ものさしも同率で収縮するために、確かめることができません。それでいてマイケルソンたちの実験結果を説明づける巧妙なアイデアです。

［註］

34　福島肇著『電磁気学の ABC』（講談社ブルーバックス、2007年）。

第10章

ローレンツ変換と伸縮する時空

ローレンツ変換

フィッツジェラルドとローレンツが提唱した収縮仮説は、エーテルの風を受けてものが変形するというのが一応の理屈ではあるものの、いってみれば走っただけでやせ細り、走るのをやめるともとにもどるというような、何とも珍妙なアイデアです。しかし裏を返せば、そんなふうにしてでも理由をつけなければならないほど、当時の学界にとってマイケルソンたちの実験結果は深刻な意義をもっていたのです。

じつはローレンツは、物理学の基礎を揺るがしかねない重大な問題がもう一つあることに気づいていました。それは、マクスウェル方程式がガリレイ変換のもとで形を不変にたもてないということです。「A という座標系と、A に対して一定の速さ $\boldsymbol{v}$ で進む B という座標系は、一方で $m\boldsymbol{a}=\boldsymbol{F}$ が成り立つなら、もう一方でも $m\boldsymbol{a}=\boldsymbol{F}$ が成り立つ」ということの論拠になっているのが、ガリレイ変換という素朴に考えれば疑いようのない座標変換でした。二つの座標系の x 軸を合わせれば $x_B=x_A-\boldsymbol{v}t$ です。これは時速 60 キロの電車を時速 40 キロの車で追いかければ電車は相対的に時速 20 キロで進むようにみえ、時速 60 キロで並走すれば互いに相手が止まってみえるという、速度の合成則 $\boldsymbol{v}_B=\boldsymbol{v}_A-\boldsymbol{v}$ をいい換えた（積分した）ものにすぎません。この座標変換に対して、ニュートンの運動方程式は形を不変にたもつけれども、マクスウェルの四つ組の方程式は形がくずれてしまうのです。マクスウェルの電磁気理論はある特定の座標系、たとえば静止したエーテルに貼りつけた座標系においてのみ厳密に成り立つものなのでしょうか。

平時であれば、マクスウェル方程式のどこにどう手を加えるべきかと悩むべきところかもしれません。しかし状況を知るローレンツは、あたり前に思える速度の合成則にはいったん目をつむり、マクスウェル方程式を普遍的に成り立たせるA系とB系のあいだの座標変換がもしあるとすれば、それはどんなものかと考えます。そして膨大な計算を敢行し、ともかくも彼がたどりついた座標変換は、次のようなものでした。

A系	B系		
x_A	$x_B=\dfrac{x_A-vt_A}{\sqrt{1-v^2/c^2}}$	$\xrightarrow{v/c\to 0}$	$x_B=x_A-vt_A$
t_A	$t_B=\dfrac{t_A-(v/c^2)x_A}{\sqrt{1-v^2/c^2}}$	$\xrightarrow{v/c\to 0}$	$t_B=t_A$

この座標の読み替え規則をローレンツ変換といいます。この座標変換は、上にも書き添えたように、A系とB系がすれ違う速さvが光の速さcにくらべて十分小さい場合、ガリレイ変換に一致します。そして何より、位置座標の読み替えとともに、時間にも読み替えが必要になります。時間に読み替えが必要になる（時間が宇宙にたった一つのものでない）ということが何を意味するのか、意味のあることなのかどうかはともかく、そうしなければ、マクスウェル方程式を不変にたもつことはできなかったのです。

以下、この座標変換を仮定すると、動くものが縮むということと、動くものの時間の進みが遅くなるということを説明します。単にそれが常識と相容れないだとか、結果がおもしろいというだけならば、この座標変換をそこまで深追いするのは無用のことかもしれません。しかしじつは、この座標変換は、アインシュタインの特殊相対性理論にそのまま引き継がれていくことになります。つまり、これからみていく、動くものが縮むということと動くものの時間の進みが遅くなるということは、特殊相対性理論からみちびかれる結論そのままなのです。

長さの収縮

まず、動くものが縮むという方をみてみましょう。B 系で静止している物体を考えて、いまその x 軸方向の長さを l_0 とします。この物体の B 系における両端の位置座標を x_{B1}, x_{B2} とすると、

$$l_0 = |x_{B1} - x_{B2}|$$

です。これは物体が静止しているときの長さで、固有長さとよばれるものです。この物体を A 系に身をおいてながめたら長さがいくらになるか、ローレンツ変換の式をつかって計算してみましょう。A 系で、ある時刻 t_A にこの物体の両端を観測した結果、その位置座標が x_{A1}, x_{A2} だったとすると、A 系からみたこの物体の長さは、

$$l = |x_{A1} - x_{A2}|$$

です。ここで、A 系と B 系のあいだの座標の読み替えがローレンツ変換にしたがうものとすると、

$$x_{B1} = \frac{x_{A1} - vt_A}{\sqrt{1 - v^2/c^2}} \quad , \quad x_{B2} = \frac{x_{A2} - vt_A}{\sqrt{1 - v^2/c^2}}$$

です（これはただのローレンツ変換の式です；物体は B 系

では静止しているので x_{B1}, x_{B2} の式のなかに時間 t_B はありません)。この式を辺々差し引くと、

$$l = l_0 \cdot \sqrt{1 - \frac{v^2}{c^2}}$$

という式がでてきます。この式は、A 系で観測される長さ l は、固有長さ l_0 より小さい、つまり、運動している物体は運動方向に収縮するということを表しています。その収縮率は、フィッツジェラルド－ローレンツ収縮と同じものです。

時間の遅れ

次に、動くものの時間の進みが遅くなるという方をみてみましょう。B 系で静止している時計をイメージしてください。B 系において時計がおかれている位置座標を x_B とすると、ローレンツ変換より

$$x_B = \frac{x_{A1} - vt_{A1}}{\sqrt{1 - \frac{v^2}{c^2}}} = \frac{x_{A2} - vt_{A2}}{\sqrt{1 - \frac{v^2}{c^2}}} = \cdots\cdots$$

$$\therefore \quad x_{A1} - x_{A2} = v(t_{A1} - t_{A2})$$

という式が成り立ちます。これは何のことはない、この時計が A 系で速さ v で動いているという式です。さて、B 系において時計の針が 0 を指す時刻を t_{B1}、時計の針が T_0 を指す時刻を t_{B2} とすると、

$$T_0 = |t_{B1} - t_{B2}|$$

です。これは静止している時計が刻む時間で、固有時間と

よばれています。この時計をA系から観測したときに、針が0を指したときの時刻とそのときの時計の位置座標を t_{A1}, x_{A1}、針が T_0 を指したときの時刻とそのときの時計の位置座標を t_{A2}, x_{A2} とすると、A系で時計の針が0から T_0 に進むのに要する時間は

$$T = |t_{A1} - t_{A2}|$$

です。ローレンツ変換によると

$$t_{B1} = \frac{t_{A1} - (v/c^2)x_{A1}}{\sqrt{1 - v^2/c^2}} \quad , \quad t_{B2} = \frac{t_{A2} - (v/c^2)x_{A2}}{\sqrt{1 - v^2/c^2}}$$

で、この二つの式を辺々差し引いて、先ほどの $x_{A1} - x_{A2} = v(t_{A1} - t_{A2})$ という式をもちいると、

$$T = \frac{T_0}{\sqrt{1 - v^2/c^2}}$$

という関係がでてきます。この式が意味していることは、A系で観測される時間間隔 T は、固有時間 T_0 より長い、つまり、動いている時計はゆっくり進むということです。ちょっと極端に、T_0 を10秒、T を15秒とすると、動いている時計は針が0から10秒のところまで15秒かかって進んでいくということです。

特殊相対性理論

こうした縮んだり遅れたりといったことが既存の力学や電磁気学をつかってどう説明づけられるか、エーテルがどのようなものであればそのからくりがみちびけるか、といったことが次の課題として取り沙汰されるなか、この座標変換をまったく違ったふうに虚心坦懐に読み解いたのが

アインシュタインです。彼はマイケルソンたちの実験結果を、エーテルも収縮ももち出さず、ただそのまま光の速さが向きによって変わらないことの帰結として受け入れ、ローレンツ変換を文字どおり座標の変換の話として、つまり、エーテルとの相互作用がどうなっているといった「もの」の話ではなく、時間と空間の話として解釈します。この考えの上に立ってつくられたのが特殊相対性理論です。

特殊相対性理論は二つの原理の上に組み立てられています。一つは光速不変の原理とよばれるもので、A 系からみても B 系からみても光の速さは変わらないというものです。時速 60 キロのものを時速 40 キロで追いかけたら時速 20 キロにみえるという速度の合成則が万能のものではなく、とくに、光ほどの速さのものになるとそれがまったく通用しない、光はどんなに速いスピードで追いかけても一向に速さを変えない（遅くならない）という主張です。もう一つが相対性原理とよばれるもので、自然の法則は A 系においても B 系においても変わらないという主張です。具体的には、A 系と B 系のあいだの座標の読み替え規則としてガリレイ変換ではなくローレンツ変換を要請します。A 系においても B 系においても電磁気現象はマクスウェル方程式によって記述され、ガリレイ変換のもとで形が不変にたもたれていたニュートン力学はじつは光より十分小さな速さで動く物体の運動を記述する近似理論にすぎないという主張です。

ローレンツ変換を正しいとみなすのですから、上でみた、縮むだとか遅れるだとかいった話が当然結論として

でてきます。しかしあらためて特殊相対性理論の立場からこれらの結論について二、三コメントをしておきます。まず、動くと縮む

$$l = l_0 \cdot \sqrt{1 - \frac{v^2}{c^2}}$$

という話。これはフィッツジェラルド－ローレンツ収縮と同じ形をしていますが、もはやマイケルソンの実験とは何の関係もない話です。マイケルソンの実験は光速不変の原理だけで説明がつきます。そしてこれが大事なところであり、分かりにくいところなのですが、特殊相対性理論で主張されているのはあくまで空間の隔たりが縮むということであり、物体の有無には関係がありません。l_0 や l は物体の寸法だと考えればイメージがしやすいですが、あくまで距離を縮めるのは空間そのものです。動くと遅れる

$$T = \frac{T_0}{\sqrt{1 - v^2/c^2}}$$

という方も同じです。時計を思い浮かべれば針がゆっくりになってイメージしやすいかもしれませんが、何かが有るか無いかに関係なく、ただ単に時間の進み方が変わるのです。ちなみに、この時間の遅れの式はローレンツ変換をもち出さなくても光速不変の原理から簡単に導出することができます。

図 10.1 の左側の図は、実験装置に貼りつけた B の座標系において光が光源から出てスクリーンまで進むようすを表しています。右側の図はそれを別の座標系 A でながめたもので、実験装置（B 系）はこの A 系において左から右に

速さ $\boldsymbol{v}$ で動いているものとします。B系において光が光源からスクリーンまで進むのに要する時間を T_0 とすると、光源とスクリーンのあいだの距離は光の速さを c として $c \times T_0$ です。同じ現象をA系でみたときの所要時間をとりあえず文字を変えて T と書くことにすると、光が光源を出てからスクリーンに到達するまでのあいだに実験装置は左から右に $\boldsymbol{v} \times T$ だけ移動し、光は図の矢印の方向にとんでいくように観測されます。光の速さはA系でもB系でも変わらないので（光速不変の原理）、光が進んだ道のり、図の直角三角形の斜辺の長さは $c \times T$ です。直角三角形の縦の辺の長さはB系でみた光源とスクリーンのあいだの距離 cT_0 ですから、$(\boldsymbol{v}T)^2 + (cT_0)^2 = (cT)^2$ という三平方の定理の式が成り立ち、これから先ほどの時間の遅れの式がでてきます。

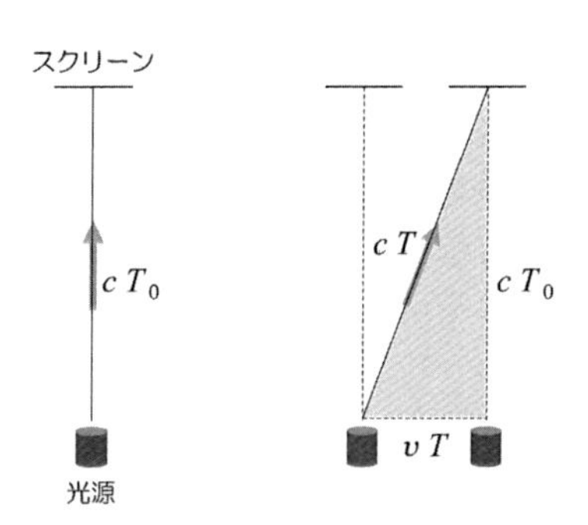

図 10.1　光速不変と時間の遅れ.

一つ例題として、遠くの星まで何年でいけるか、特殊相対性理論にもとづいて考えてみましょう。じつは相対性理論では「遠くの」だとか「何年で」といったことがすでに人によって立場によって違ってしまうのですが、とりあえず「遠くの星まで何年でいけるか」考えてみましょう。

星までの距離をl、ロケットの速さをvとすると、所要時間がl/vになる、というのは地球からみたときの話です。

$$t=\frac{l}{v}$$

ロケットのなかにいる人にとっては、星までの距離はlではありません。なぜなら地球と星とをむすぶx軸は、ロケットに対して速さvで後方に飛び去っていくからです。ロケットの人にとって、星までの距離は

$$l \to l\cdot\sqrt{1-\frac{v^2}{c^2}}$$

であり、速さvの推進力をもつロケットで星にたどりつくまでの時間は

$$t'=\frac{l\times\sqrt{1-v^2/c^2}}{v}$$

です。あるいは、地球からみるとl/vだけ時間をかけて行ったようにみえるけれども、ロケットのなかの時計を地球からのぞいてみると、時計はゆっくり進んでいて、星に到着したときには

$$t'=\frac{l}{v}\times\sqrt{1-\frac{v^2}{c^2}}$$

しか時間が経っていない、と考えることもできます。いず

れにしてもロケットにのって星に向かった張本人は l/v ほども時間をかけずに星までたどりつけてしまうのです。式を少し書きなおしてみます。

$$t' = \frac{l}{c}\frac{\sqrt{1-x^2}}{x} \quad \left(x = \frac{v}{c}\right)$$

前にくくり出した l/c は「光だったら何年かかるか」です。l が 4 光年なら l/c は 4 年、もちろん地球からみての話です。x はロケットの速さが光の速さの何割かを表しています。この l/c のうしろにかかっているエックス分の……という因子をグラフにしてみると図10.2のようになります。$x = 0$ なら、零分の……ですから無限大です。動かないロケットはいつまで経っても星につきません。$x = 0.5$ のとき、この因子は $\sqrt{3}$ になります。光の半分の速さのロケットだと、4 光年の星まで 4 年の倍、つまり 8 年待たないとたどりつけないのかというと、本人は倍待つ必要はなくて 1.7 倍ぐらいで現地に到着できるのです。そして、$x = 0.8$ なら 4 年すらも待つ必要はなく l/c の四分の三、$x = 1$ なら 0（光速なら瞬間移動）です。

素粒子などの極微の世界では、電子のように長時間安定に存在できる粒子ばかりでなく、すぐに違う粒子に移り変わってしまったり分解してしまうような不安定な粒子もあって、それぞれに固有の寿命をもっています。宇宙から飛来する高エネルギー粒子の衝突によって、はるか上空でつくり出された短寿命の粒子が、光速近いスピードで、寿命をはるかに超える時間をかけて地上まで降り注ぐことができるのは、地上からは粒子に固有の時間がゆっくり経過していくように観測され、寿命が引き延ばされてみえるからだといいます。縮んだり遅れたり、日常的なセンスからはちょっと不思議な感じもしますが、現実世界が特殊相対性理論と矛盾するという話は、いまのところないようです。

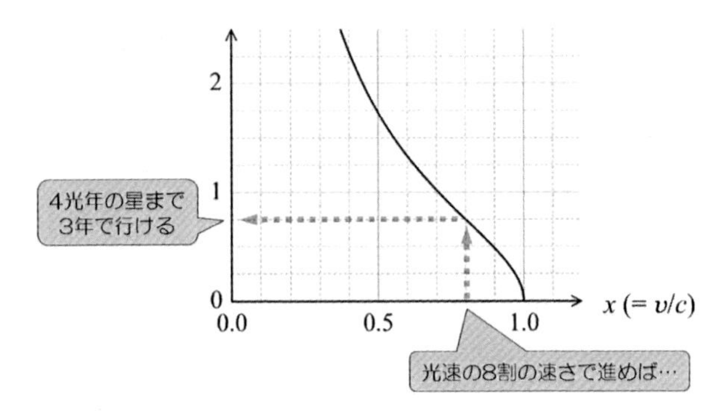

図 10.2 ロケットのなかの人が星につくまでに過ごす時間（グラフの見方は本文を参照してください）.

第11章

$E = mc^2$

相対論的質量

ニュートン力学は近似理論にすぎないというのが特殊相対性理論の立場で、実際、光に近い速さで動く物体の運動は、ニュートン力学ではなく特殊相対性理論にもとづいて理解されることが知られています。ニュートン力学で定式化された物理法則やそこにあらわれた物理量を相対性理論のなかでつかうには、定義を修正したり概念を拡張したりしなくてはなりません。ここでは、相対論的質量とよばれる量をつかって、そのあたりの状況の一端をみてみましょう。

相対論的質量は、物体に固有の定数ではなく、速さ $\boldsymbol{v}$ によって

$$m = \frac{m_0}{\sqrt{1 - v^2/c^2}}$$

のように変わるものとされています。c は光速、m_0 はその物体の静止状態における質量で、静止質量とよばれています。この式から、相対論的質量は、動くと大きくなり、光速に近づくにつれ無限大に発散することが分かります。ニュートンの運動方程式 $m\boldsymbol{a} = \boldsymbol{F}$ の m のところを単純にこの相対論的質量に置き換えた式がそのまま特殊相対性理論でつかえるというわけではないのですが、特殊相対性理論では光速に近づくにつれ加速度は 0 に漸近し、物体を光速以上に加速させることは不可能だとされています。たとえば、電子加速器とよばれる先端的な装置をつかって電子を光速の 99% の速さに加速することは、現代においてはさほど困難なことではありません。99% から 99.9% へ、

99.9%から99.99%へ、99.99%から99.999%へと加速していくことも、やってできないことはないでしょう。しかしどんなに電力（お金）をつぎ込んでも、電子を光の速さにまで加速させることはできません。これは、相対性理論にもとづいて考えるかぎり、技術力や経済力の問題ではなく、原理的な問題であり、また、電子加速器の運転において現実に経験されることがらです。

止まっていた物体が動き出すと、相対論的質量がどのぐらい増えるか計算してみると、

$$\begin{aligned}\Delta m &= \frac{m_0}{\sqrt{1-v^2/c^2}} - m_0 \\ &\approx m_0\left[\left(1+\frac{v^2}{2c^2}\right)-1\right] \quad \left(\frac{v}{c} \ll 1\right) \\ &= \frac{\frac{1}{2}m_0 v^2}{c^2}\end{aligned}$$

となります。

$$\begin{aligned}(1+x)^1 &= 1+x \\ (1+x)^2 &= 1+2x+x^2 \\ (1+x)^3 &= 1+3x+3x^2+x^3 \\ &\vdots \\ (1+x)^n &= (1+x)(1+x)\cdots\cdots(1+x) = 1+nx+\cdots\cdots\end{aligned}$$

より、xが1にくらべて十分小さい場合（これを「$x \ll 1$」と書きます）、$(1+x)^n$は$1+nx$と近似できることが分かります。この近似はnが自然数以外でも成り立つことが知られていて、Δmの計算式の一段目から二段目への変形は、そのnがマイナス二分の一（$\sqrt{\cdots}$分の一）の場合の近似をつかっています。

さてΔmの最後の形をみてください。分子の$\frac{1}{2}m_0 v^2$はニュートン力学で運動エネルギーとよばれているものです。つまり、相対論的質量は、物体が動くと運動エネルギーを光の速さの二乗で割った分だけ増えるのです。

エネルギー保存

小中高の理科では、粒子について学習するのが化学で、エネルギーについて学習するのが物理だ、などといわれるぐらい[35]、現在、物理学とエネルギーとは切っても切りはなせないものだとされています。エネルギーという概念は言葉なじみはあっても速さや質量とくらべるとやや抽象的で、ここまではエネルギーがどうなっているかということにはとくに触れずにきましたが、ここでエネルギーについて少し説明をしておきます。

エネルギーというのは何かができる能力の指標となるような量で、物体の運動にともなうエネルギーをニュートン力学では「質量かける速さの二乗の半分」で定義しています。エネルギーがなぜそれほどまでに物理学で崇め奉られているのかというと、いまの物理学では一応このエネルギーというものが増えたり減ったりしないと考えられているからです。エネルギーには、運動エネルギーもふくめて、いろいろな姿、形のものがあって、見た目をいろいろに変えることはあっても、全体の量は決して増えたり減ったりしないということが、あらゆるものの変化を理解するうえでの一つの指針になっているのです。

手をはなすと物が下に向かって落ちていく自由落下の

ケースを考えてみると、前にやった鉛直上向きが z 軸となる座標のとり方で、$mgz+\frac{1}{2}mv^2$（この m はニュートン力学の m です）という量は変化しません。時間で微分すると、

$$\frac{d}{dt}\left(mgz+\frac{1}{2}mv^2\right)=mgv_z+mv_za_z$$
$$=v_z(mg+ma_z)=0 \quad (\because ma_z=-mg)$$

となって[36]、たしかに、時間を横軸にしてグラフにすると、$ma_z=-mg$ という運動方程式にしたがって落ちていくかぎり傾きは0、つまりこの量が一定不変のものであることが分かります。第一項の mgz は、物体のいる位置座標によって決まるエネルギーで、位置エネルギーとよばれています。第二項は運動エネルギーです。落下とともに物体は高度を下げスピードを上げていきますが、それぞれに付随するエネルギーの総和は変わらないのです。

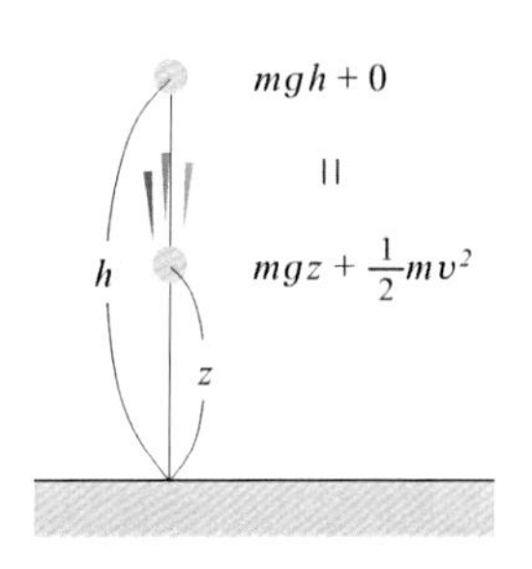

図 11.1　自由落下におけるエネルギー保存.

もう一つ、別の例も考えてみましょう。まったく同じ、質量 m の粘土球が二つ、左右から同じ速さ v でやってきて、まん中でぶつかって合体して止まったとします。この

ときのエネルギーはどんなふうに考えればいいでしょうか。衝突前のエネルギーは粘土球二つ分の運動エネルギー$\frac{1}{2}mv^2\times 2$です。ぶつかったあとは、合体して静止したのですから、運動エネルギーはありません。水平面内をやってきたのだとすると（あるいは重力のはたらかない宇宙空間で衝突したのだとすると）、先ほどのような位置エネルギーというものを考えることもできません。エネルギーは消えてなくなってしまったのでしょうか。じつはこのときにはぶつかった衝撃で粘土球を構成している原子や分子といったミクロな粒子がふるえます。原子や分子は固体のように自由に動くことができない状況下でももともと振動しているのですが、その振動が衝突によって激しさを増します。こうした物質を構成するミクロな粒子の乱雑な運動にともなうエネルギーを、私たちは熱としてとらえます。結局のところ、この粘土球の衝突では、

$$\frac{1}{2}mv^2+\frac{1}{2}mv^2=\frac{1}{2}\cdot 2m\cdot 0^2+Q$$

という式が成り立って、エネルギーの総和はやはり一定に保たれているのです。Qは発生した熱エネルギーです。

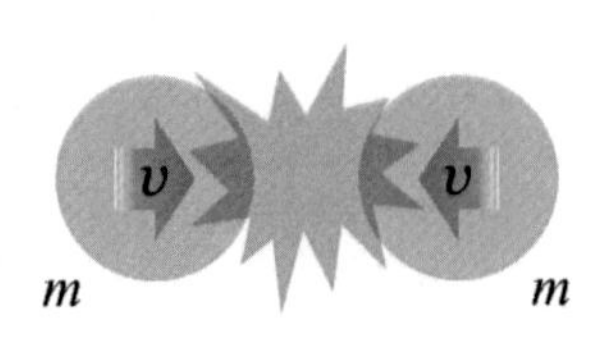

図 11.2　粘土球の衝突.

質量とエネルギー

さて、いまの粘土球の衝突で、相対論的質量がどう変わるかみてみましょう。静止状態にある粘土球1個の質量をあらためて m_0 と書き、衝突前後における相対論的質量の変化を計算すると、

$$\Delta m = 2m_0 - 2\left(\frac{m_0}{\sqrt{1-v^2/c^2}}\right)$$
$$\approx 2m_0\left[1-\left(1+\frac{v^2}{2c^2}\right)\right] \quad \left(\frac{v}{c} \ll 1\right)$$
$$= -\frac{2\cdot\frac{1}{2}m_0v^2}{c^2} = -\frac{Q}{c^2}$$

となります。最後の等号は、先ほどのエネルギー保存の式をつかって、発生した熱エネルギー Q で書きなおしたものです。つまり、この場合、相対論的質量は、発生した熱エネルギーを光の速さの二乗で割った分だけ減っている、ということになります。

動き出すと相対論的質量が運動エネルギーを光の速さの二乗で割った分だけ増えるということ、熱が発生すると相対論的質量が発生した熱エネルギーを光の速さの二乗で割った分だけ減るということ、これらのことから、相対論的質量とエネルギーとが光の速さの二乗を転換係数として相互に移り変わることができるものであることが想像できるのではないかと思います。じつは、相対論的質量の本質はエネルギーであり、そのエネルギーを光の速さの二乗で割った量を相対論的質量とよんでいるのです。

物体が動くと相対論的質量が増えるという先ほど書いた式に c^2 をかけて分母をはらうと、

$$m - m_0 \approx \frac{\frac{1}{2}m_0 v^2}{c^2}$$

$$\rightarrow \quad mc^2 \approx m_0 c^2 + \frac{1}{2}m_0 v^2 \quad \left(\frac{v}{c} \ll 1\right)$$

となって、質量の関係式がエネルギーの関係式に変わります。この式から、相対性理論では、物体は運動エネルギーに加えて静止質量に応じたエネルギー m_0c^2 をもつものと理解されていることが分かります。これが、空間の縮みや時間の遅れとならぶ特殊相対性理論の有名な主張です。この m_0c^2 のことを静止エネルギーといいます。ふだん見かける v はせいぜい時速100キロや200キロで、それに対して c は秒速30万キロですから、静止エネルギーはとてつもなく大きなものです。ニュートン力学で扱う運動エネルギーなど、静止エネルギーにくらべれば無に等しいといっても過言ではありません。物質は、ただそこにあるというだけで、莫大なエネルギーが凝集した場所とみなされているのです。この静止質量が別の形態のエネルギーに転換される現象はそこここでみられるものではありませんが[37]、原子力発電所で利用されている原子核の分裂反応やPETとよばれる医療撮像技術における電子と陽電子の対消滅、太陽のなかで起こっている原子核の融合反応などは、静止質量の一部または全部がエネルギーとして解放される現象として理解されています。

なお、この止まっていたものが動き出すケースでは、最初に止まっていたときのエネルギーが m_0c^2（ニュートン力学では0）、動き出したあとのエネルギーが mc^2（同じく

$\frac{1}{2}m_0v^2$）ですから、それだけでエネルギー保存が成り立っていないのは明らかです。止まっているものを動かすためには押したり引っぱったり、電子加速器をつかって加速したり、誰かが物体に力を加えているはずで、力という形で外から物体にエネルギーが投入されています。それを仕事といいます（物理学の用語です）。物体に対してなされた仕事を W（work の w）と書くと、止まっていたものが動き出したときのエネルギーの保存は、

$$m_0c^2 + W = mc^2$$
$$\approx m_0c^2 + \frac{1}{2}m_0v^2 \quad \left(\frac{v}{c} \ll 1\right)$$

と表すことができます。なされた仕事の分だけ運動エネルギーが変化することを力学では仕事と運動エネルギーの関係といいます[38]。熱の出入りまで考えて、着目しているシステムがもつエネルギーの総量[39]が、仕事や熱という形でそこに出入りするエネルギーの分だけ増減することは、熱力学の第一法則とよばれています。

［註］

35　文部科学省『高等学校学習指導要領（平成 30 年告示）解説 理科編理数編』図 2「小学校・中学校理科と「物理基礎」「化学基礎」の「エネルギー」「粒子」を柱とした内容の構成」参照。

36　$v^2 = v_x{}^2 + v_y{}^2 + v_z{}^2$ の時間微分は $2v_za_z$ です。a_z は合成関数の微分（4 章）ででてくる因子、v_x や v_y が消えるのは定数（0）だからです。

37　物質の三態（固体・液体・気体）の移り変わりや化学反応に

ともなう熱の出入りも、相対論の立場からは、質量変化をともなう現象と理解されます。ただし、これらの熱量を光の速さの二乗で割って見積もられる質量変化はかぎりなく0に近く、これらの現象では質量と質量以外のエネルギーとがそれぞれ別個に保存法則をみたすと考えるのがふつうです。

38 仕事と運動エネルギーの関係は、ニュートンの運動方程式を物体が移動した経路に沿って積分することによって得られる積分形のものの見方です。

39 「システムがもつエネルギーの総量」とは、システムを構成する個々の要素がもつ運動エネルギーやそれらの配置、状態によってきまる位置エネルギーの総和のことで、これをそのシステムの内部エネルギーといいます。

第12章

等価原理と
空間の歪み

慣性力の謎

物体の運動を正確に扱うために、どこか基準になるところを原点に選んで座標系を定め、物体のいる位置座標を時間の関数で表す、というところからこの本は始まりました。それに対して、座標をどう設定するかは人間本位の話であり、真に自然の法則とよべるようなものは、座標のとり方に依存してはならない、というのが「相対性」の考え方です。人間は力学、電磁気学と自然に対する理解を深め、特殊相対性理論にまでいきつき、ついに時間が宇宙にたった一つのものであるという考えを手放すにいたりました。もちろん、何をもって時間とするかだとか時間そのものの用、不用といったことはどう考えようとその人の自由なわけですが、自然を科学的にとらえようとする方向性においては、時間をそんなふうに相対化させて考えることで格段に多くのことが説明できることが分かったのです。

一方、空間もまた、特殊相対性理論によって時間と同程度の変革をこうむりました。しかしそこには、ニュートンの運動方程式やマクスウェルの電磁気理論が成り立つ、互いに等速度でいきかう座標系（慣性系）を特別扱いにするという、厳然とした特殊性がじつは存在します。この理論が特殊相対性理論とよばれるゆえんです。

前にやった座標変換の話をふり返ってみましょう。互いにx軸を一致させたA, B二つの座標系があり、BがAに対してx軸方向に速さvで移動しているとき、vが光速cにくらべて十分小さければ、A系で観測した速度のx成分v_AとB系で観測した速度のx成分v_Bのあいだには$v_B = v_A - v$

という式が成り立ちます。$\boldsymbol{v}$が時間によらず一定なら、$\boldsymbol{v}_B = \boldsymbol{v}_A - \boldsymbol{v}$という式を時間で微分すると分かるように（定数$\boldsymbol{v}$は時間で微分すると0になるので）、A系で観測した加速度のx成分a_AとB系で観測した加速度のx成分a_Bは同じです。$ma_A = F$という式が成り立つなら$ma_B = F$という式も成り立ちます。一方、$\boldsymbol{v}$が一定でないときには、$\boldsymbol{v}_B = \boldsymbol{v}_A - \boldsymbol{v}$を微分すると

$$v_B = v_A - v \quad \rightarrow \quad a_B = a_A - a$$

となって、両系での加速度は等しくなくなります。aは座標系の相対速度$\boldsymbol{v}$を時間で微分したもので、たとえば$\boldsymbol{v}$が一定の割合で増えていく（tの一次式）ならaは定数といった具合です。この場合、$ma_A = F$という式が成り立つなら

$$ma_B = ma_A - ma = F - ma$$

という式が成り立ちます。ニュートンの運動方程式によれば質量に加速度を乗じたものがその物体が受ける力であり、それがまた私たちがふだん力ととらえているもの、感じているものをうまく表しているわけですが、上の式は、B系においてはA系で作用している力に加えて$-ma$というA系にはない力が物体にはたらくことを意味しています。座標系の加速運動にともなってあらわれるこのような力のことを一般に慣性力といいます。急停車したときに前方に投げ出されそうになったり、上昇下降を始めるエレベーターのなかで床にぐっと押しつけられたりふわっと浮いたりするような感じがする、あの力です[40]。これが、ニュートン力学の一つの謎なのです。

何が謎なのかというと、慣性力がどこからくるのか、な

ぜ生じるのかが分からないのです。ニュートン自身はここに問題があることにはもちろん気づいていて、彼はこれに形をつけるためにとりあえず絶対空間というものをもち出します。絶対空間という宇宙のいれもののような座標系があって、絶対空間に対して等速度でいきかう座標系においては慣性力はあらわれず、それ以外では慣性力があらわれるのであると。ニュートンの有名なバケツの実験というのがあって、水を入れたバケツを上からひもで吊って、バケツを回してひもを何回もねじってから手をはなすと、ねじったひもがもとにもどろうとしてバケツは回り出します。このとき、回っているのはバケツなのかそれともバケツを吊っている部屋の方なのかといえば、バケツのなかの水はいわゆる遠心力（これも座標系の回転にともなって生じる慣性力の一つです）を受けてバケツのへりに沿って若干はい上がってきます。だから、絶対空間に対して回っているのはバケツの方で、観測者がバケツのまわりを回っているのではない、というような議論です。慣性力がなぜ生じるかといえば、絶対空間に対して加速、回転するからだというのですが、しかしその絶対空間があるとかないとか、どっちを向いてどんなふうに動いているといったことは、さまざまなシーンであらわれる慣性力から判断するしかないのですから、結局、慣性力と絶対空間はお互いがお互いを証拠立てているだけで、それをよそから説明してくれる第三者はいないのです。

　宇宙のなかの何ものともかかわり合いをもたない、あるいは宇宙のなかのすべてのものを取り去ったところに存在する（？）絶対空間などというものを考えるのはナンセンスだという見解は、ニュートンが絶対空間ということをいい出した直後からあったようで、たとえば十八世紀のはじめにはバークリーという人が慣性力の有無を決めているのは大地であり遠くの星ぼしであり宇宙の物質分布であると主張します。しかしそうした意見が顧みられるようになったのはマイケルソンの実験をはじめ科学がさまざまなところでいきづまりをみせるようになる十九世紀も終わり近くになってからです。そのころ科学者としてよりむしろ哲学者として力をもつようになったマッハが、ニュートン力学を批判的に分析し、慣性力については基本的にはバークリーと同趣旨の主張を展開します。宇宙にあるすべてのものが慣性力のもとになっているという考え方を、マッハ原理ということもあります。

この考え方でいくと、宇宙全体を相手にするにせよ、慣性力はあくまで物質の相対的な動きや位置関係によって決まってくるものだということになります。慣性力が$-ma$という形であらわれてくること、二体間にはたらく力であれば作用・反作用の法則が成り立つのが自然であるように思えることを考えると、慣性力は力を及ぼし合っている物体の質量m_i, m_jと両者のあいだの相対加速度a_{ij}の積$m_i m_j a_{ij}$に比例する形式をもっていることが予想されます。二体間の距離r_{ij}に対して、万有引力のようにその二乗に反比例するのか、単にr_{ij}に反比例するのか、それともそんな単純な式ではまったく表せないのかは分かりませんが、万有引力と同様に考えれば、身のまわりの二体間に目だってその効果がみられなくても不思議はないでしょう。私たちは、急ブレーキをかけたときにも、カーブを曲がるときにも、足もとにある巨大な地球から、あるいは宇宙の全質量から、万有引力とはまた別種のはたらきかけを受けているのかもしれません[41]。

等価原理から一般相対性理論へ

さて、アインシュタインが特殊相対性理論の次に考えたのは、加速運動をする座標系をどのようにして相対性理論のなかに取り込むか、相対性の考えを加速系にまで拡張して、自然法則を「特殊」な座標系にしばられない形にするにはどうしたらいいだろうか、という問題です。そして、その解決に手がかりを与えたといわれているのが、古くから知られている、重いものも軽いものも同じように落ちていくという現象です。

ニュートン力学では、鉛直上向きを z 軸とすると自由落下の運動方程式は $ma_z = -mg$ となって、$a_z = -g$ つまり重力方向の加速度が物体の質量によらないということがみちびかれます。しかし、3 章の終わりのところで述べたように、じつは左辺の m は慣性質量、右辺の m は重力質量という定義の異なる物理量です。手をはなすと重いものと軽いものが同時に地面をうつという現象は、ニュートン力学によって説明されているのではなく、自然がニュートン力学を通してこの二つが同じものであることを示唆しているのです。慣性質量と重力質量の違いを検出するこころみは、十九世紀から二十世紀にかけておこなわれたエトヴェシュという人の実験が有名ですが、ひょっとするといまでも、どこかで誰かが、最先端のエレクトロニクスを駆使してひそかに研究をつづけているかもしれません。

アインシュタインがひらめいたのは、この質量の謎と、先ほどの慣性力の謎とを、同根のものとしてみてしまおうというアイデアです。

図 12.1 に二つの座標系を書きました。左側は地上に貼りつけた座標系、重力加速度は鉛直下向き $(0, 0, -g)$ です。右側は重力がない宇宙空間に貼りつけた座標系、重力はありませんが、座標系自体が z 軸のプラスの方向に $g = 9.8\ \mathrm{m/s^2}$ で加速しているものとします。$\boldsymbol{a} = (0, 0, +g)$ の加速度で加速している宇宙船のなかに貼りつけた座標系だと思ってもいいでしょう。以下、慣性質量と重力質量を区別するため、前者を $m_{\text{慣性}}$、後者を $m_{\text{重力}}$ と書くことにします。左側の座標系（地上）の $z = h$ の場所におかれた物体には下向きに大きさ $m_{\text{重力}}g$ の重力がはたらきます。右側の座標系（宇宙船）では重力は存在しませんから、$z = h$ の場所におかれた物体に重力は作用しません。しかし座標系

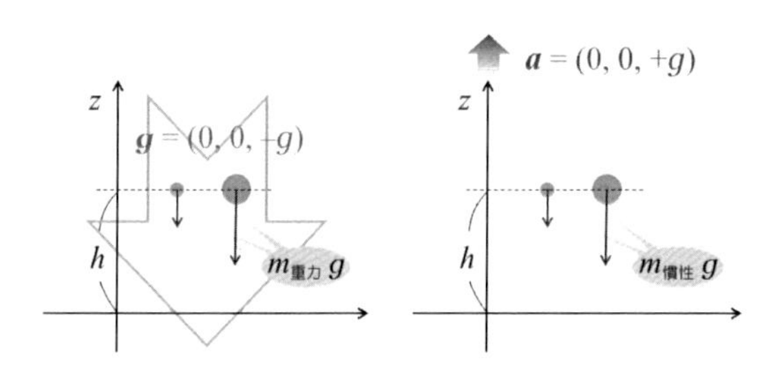

図 12.1　重力下の静止系と無重力下の加速系．

自体が $\boldsymbol{a}=(0, 0, +g)$ の加速度で加速していることにともなう慣性力 $-m\boldsymbol{a}$ がはたらきます。向きは z 軸の負の方向、大きさは $m_{慣性}g$ です。もし慣性質量と重力質量が同じものなら、この二つの座標系における物体の運動はまったく区別できません。逆に、この二つの座標系で起きる自然現象を同一のものとみなすことは、慣性質量と重力質量とを区別しないということです。アインシュタインは、マイケルソンの実験結果をどうにかして説明しようとするのでなく、むしろそこから光の速さが座標系によって変わらないということを原理として受け入れたときと同じように、何百年ものあいだ解明されなかった重いものと軽いものが同じように落ちていく理由をさがしたり、二つの質量の異同を議論するのではなく、上の二つの座標系を同等のものとみなすことを理論構成の出発点に据えたのです。そうすることによって、重力下での物体の運動が質量によらないことを説明不要のこととして片づけてしまうとともに[42]、加速系を重力系[43]の問題にすりかえて理論のなかにふくみ入れてしまったのです。これを等価原理といい、こうして拡張された相対性理論を一般相対性理論といいます。

光が曲がる？

一般相対性理論からどんなことが結論されるのかを数学的に追っていくことは簡単ではありません。x 軸に限定して考えたローレンツ変換ですらあの調子ですから、一般相対論の数学的な煩雑さは推して知るべし、添え字が三つも四つもつくようなテンソルといわれるベクトルの親分のような記号がたくさんでてきます[44]。しかし等価原理の考え方自体はシンプルなもので、以下、加速系と重力系の等価性をつかって、一般相対論の有名な帰結をいくつかみてみたいと思います。まず、重力が光の進路に及ぼす影響をみてみましょう。

図 12.2 の上側の図は、重力のないところを光が進んでいるようすを描いたものです。光は 1 秒間に 30 万キロ進みますから、横軸は極度に圧縮されています。c と書いてある一目盛りが地球七週半に匹敵する長さです。z 軸の負の向きに大きさ g の重力加速度が生じるような状況で光がどうふるまうかは、この無重力下での挙動を、座標系を重力と反対方向に大きさ g で加速して考えればよい、というのが等価原理です。何本か引いてある横軸は、z 軸の正の方向に 1 秒あたり g ずつ加速していく xy 平面を表しています。そして、この加速系の座標軸（xy 平面）をあらため

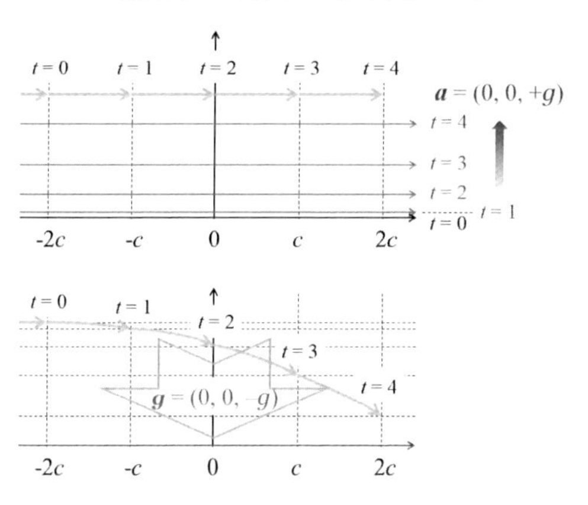

図 12.2　重力が光の進路に及ぼす影響.

て固定して描いたのが下側の図です。あたかも重力によって光が落ちていくかのようです[45]。

この効果の最初の実証報告は、皆既日食の際に、太陽をかすめてやってくる星の光が、太陽の重力によって理論の予測に近い影響を受けていることが確認された、というものでした（1919年）。同様の検証はその後も繰り返され、いまでは重力レンズやマイクロレンズなどといって、宇宙に散在する重力源の影響で遠くの天体が複数にみえたり、そうした重力源を利用して観測対象の増光や集光を図ることがごくふつうにおこなわれています。

こうした現象に対して、「光が重力で曲げられる」というようないい方をすることがありますが、何をもってまっすぐといい、何をもって曲がっているというか、その絶対的な基準となる座標軸がこの宇宙のどこかに実在しているわけではありません。この「光が曲がる」という表現は、知らず知らずのうちに物質が何もない空間における（ユークリッド）幾何学を想定したいい方になっています。いまの物理学では、絶対空間やエーテルの反省から、何もない空間をもち出すことには慎重で、どちらかというと、物質があるとそのまわりの空間が歪み、光はただその（歪んだ）空間に沿って（まっすぐ）進むというようないいまわしをすることが多いようです。

[註]

40　あらゆるものが自分自身を原点とする座標系において静止している（原点でありつづけている）のは、ニュートン流に解釈すれば、動くのに必要な力と動くことによって自分自身に生じる慣性力とがつねにつり合いを保っているからです。私たちはこの二力、リアルな力と慣性力の変動をつねに感じとりながら（この二力による伸長、圧縮、剪断作用に抗して自分の体形なり姿勢なりを維持しながら）歩いたり走ったり乗りものに乗ったりしています。このリアルな力と見かけの力（慣性力）という理論構成のアンバランスが、このあとでてくる一般相対性理論では、なくなります。パウリ著、内山龍雄訳『相対性理論』（講談社、1974 年）では、原著者の「ニュートン力学の観点にしたがえば Einstein の理論における重力はニュートン力学におけるコリオリの力や遠心力のように“見かけの力”であるということができる」という文につづいて、訳者が「逆に Einstein の理論では遠心力やコリオリの力もともに見かけの力ではなく，重力と同様に“ほんものの力”と呼んで差しつかえないことになる」と注をいれています。また、ラッセル著、金子務・佐竹誠也訳『相対性理論への認識』（白揚社、1971 年；原題は“The ABC of Relativity”）では、「“力”の廃止」と題した一章を設けて、自然法則の記述のなかに私たちの日常から生まれた力という概念をもち込むことに対するそもそもの反省が語られています。いずれもこの分野の大変有名な著作です。

41　慣性力に対するマッハ原理の立場からの検討が記されている本としては、たとえば、シアマ著、高橋安太郎訳『一般相対性理論』（河出書房新社、1970 年）など。

42　図 12.1 において大小二つの球が重力を受けて落下することと、二つの球が止まっているところに下から xy 平面が加速しながら迫ってくることが同じだというなら、同時に地面にぶつかることに何の不思議もありません。

43　加速運動する（慣性力が生じている）座標系を加速系、重力のあるところに設定した座標系を重力系、と簡略化してよぶことにします。

44　誘電率も、x 方向の電場に対する y 方向の誘電分極というようなことまで考えるようになると、ε_{xy} といった具合に添え字が二つつくようになります。このように二つの添え字をもつ成分からなる量を二階のテンソルといいます。ベクトルは一つの添え字で成分を識別するので一階のテンソル、スカラーは成分（添え字）をもたないのでゼロ階のテンソルです。一般相対性理論の数学表現には、三階のテンソルや四階のテンソルがでてきます。

45　慣性質量と重力質量が同じものなら、重力下の物体の運動は質量に依存しません（3章）。重力下における光のふるまいが、物体の質量を0に近づけた極限として記述できるなら、ニュートン力学をつかってもやはり光は「落ちていく」ことが予想されます。図12.2に描かれた30万キロ進んで4.9メートル落ちる光の軌道はじつはそのようにしてニュートン力学から予想される水平投射の軌道にすぎません。一般相対性理論では、この「落ちていく」効果がより大きくあらわれます。これについてはアインシュタイン自身もはじめ暫定的な報告のなかでニュートン力学と同じ軌道を計算し、のちに修正したという逸話があります（ボルン著、瀬谷正男訳『アインシュタインの相対性原理』（講談社、1971年）など）。

第13章

重力による時間の遅れとブラックホール

重力が時間に及ぼす影響

引きつづき等価原理の考え方をつかって、こんどは重力が時間の進み方にどう影響するかみてみましょう。地面から高さ h のところにAという座標系を設定し、その真下、地面のところにBという座標系を設定します。Aが建物の上の方で、Bが一階部分です。等価原理にしたがって考えていくと、Aの方が時間の進みが早く、Bの方が遅いという結論がでてきます。

この二つの座標系における時間の進み方を比較するために、A系の位置から自由落下するLという座標系を考え、そこでの時間の進み方を共通のものさしとしてつかいます。L系はワイヤーが切れてA系の位置から自由落下するエレベーターのなかに貼りつけられた座標系です。なぜL系の時間の進み方を基準にするかというと、L系は重力の

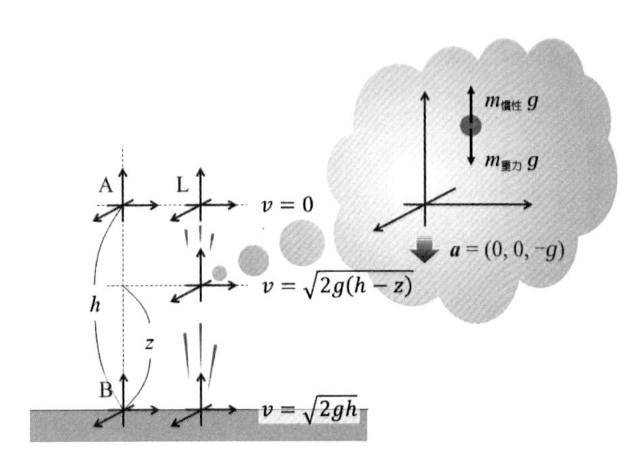

図 13.1　三つの座標系 A, B, L .

影響を受けないからです。このエレベーターは地上にあるのですから、なかの物体には重力 $m_{重力}g$ がはたらきます。しかし座標系自体が重力加速度で落下していくので、エレベーターのなかの物体には慣性力 $m_{慣性}g$ が上向きにはたらき、この $m_{重力}g$ と $m_{慣性}g$ を区別しないというのが等価原理ですから、L 系には重力の影響があらわれないわけです[46]。重力が時間の進み方にどう影響するかをみるのに、重力の影響がないときの時間の進み方を基準に考えるのは自然なことでしょう。

ある現象が A 系で生起するようすを、そのフロアに停止していたエレベーターのなかにいる人がワイヤーが断ち切られた直後に観測したところ、その所要時間が T_A だったとしましょう。ワイヤーが断ち切られた瞬間、エレベーターのなかは L 系となり、エレベーターのなかの時計は重力の影響を受けずに時を刻みながら落ちていきます。そして、B 系の位置まで落ちていったとき、このエレベーターのなかの時計は、B 系で同じ現象が生起する所要時間を

$$T_B = \frac{T_A}{\sqrt{1 - v^2/c^2}}$$

と観測します。L 系に対して B 系は速さ v で動いているので、特殊相対性理論の時間の遅れの効果があらわれるからです[47]。c は光速です。このことは、同じ現象が起きるのに A 系よりも B 系の方が時間がかかるということ、高いところより低いところの方が現象がゆっくり進行するということを意味しています。

上の式にでてきた v は高さ h のところから落下を始めた

L 系が地面を通過するときの速さです。これはいわば A 系と B 系を比較するためにもち出した架空のものさしの名残です。それをすっかり消し去って、現実のパラメーターだけで書きなおしてみましょう。前に 11 章でみたように、自由落下では

$$mgh + 0 = 0 + \frac{1}{2}mv^2$$

というエネルギー保存（重力による位置エネルギーと運動エネルギーの和が変化しないという関係）の式が成り立ちます。この式から、L 系と B 系がすれ違う速さ v は、重力加速度 g と AB 間の高低差 h をつかって

$$v = \sqrt{2gh}$$

と書けることが分かります。この計算は、重力の向きと強さが A 系の位置でも B 系の位置でも変わらないことを前提にしています。いいかえると、地球の半径 R に対して h がはるかに小さい場合、地表すれすれのところで成り立つ近似式です。A 系の位置をずっと上空にもっていくと、AB 間の重力はだんだん一定とはみなせなくなり、地球の重心からの距離 r の二乗に反比例して変化するようすがみてとれるようになります。エネルギー保存の式を、そのようなケースでもつかえるように一般的な形に書きあらためると、

$$m\phi_{\mathrm{A}} + 0 = m\phi_{\mathrm{B}} + \frac{1}{2}mv^2$$

と書くことができます。ϕ と書いたのは、その場所の単位質量あたり（1 キログラムあたり）の重力による位置エネ

ルギーです。この式をつかうと、vは

$$v = \sqrt{2(\phi_A - \phi_B)} = \sqrt{2\Delta\phi}$$

となります。ある物体に作用する重力の大きさは、その物体の質量に比例しますが、そうではなくてその場所がどれほど重力が強いところなのか弱いところなのかを比較する場合には、単位質量あたりの重力（重力加速度）の大きさを問題にします。静電気の場合には1クーロンあたりの静電気力を電場と名づけ、これをつかってあれこれ考えるのに、重力の場合にあまりそういうことをやらないのは、地上の問題を考えるかぎり重力はいつでも下を向いていて大きさもほぼ一定とみなせるからです。しかし話が天文学的なスケールになってくると、重力もどちらを向いているのか、単位質量あたりどのぐらいの強さなのか、ということが意味をもつようになってきます。このϕと書いた単位質量あたりの重力による位置エネルギーのことを重力ポテンシャルといいます。質量Mの天体（の重心）からrだけはなれた場所の重力ポテンシャルは、万有引力定数Gをつかって、

$$\phi = -\frac{GM}{r}$$

と書けることが知られています（遠方から距離rのところまで近づくと重力ポテンシャルはこれだけ下がります）。この式をつかうと、地表すれすれの二点間の重力ポテンシャルの差は

$$\Delta\phi = \left(-\frac{GM}{R+h}\right) - \left(-\frac{GM}{R}\right) = \frac{GM}{R(R+h)}[(R+h)-R]$$

$$\approx \frac{GM}{R^2}\cdot h \quad (h \ll R)$$

となります。この GM/R^2 の部分を、地表近くではほぼ定数とみて g と書いているわけです（cf. $mg = GMm/R^2$）。R は地球の半径です。

少し説明が長くなりましたが、重力による時間の遅れの効果をまとめると、地表近くでは、

$$T_B = \frac{T_A}{\sqrt{1-v^2/c^2}} \quad \rightarrow \quad \frac{T_A}{\sqrt{1-2gh/c^2}}$$

$$\approx T_A\left(1+\frac{gh}{c^2}\right) \quad (h \ll R)$$

一般には、

$$T_B = \frac{T_A}{\sqrt{1-v^2/c^2}} \quad \rightarrow \quad \frac{T_A}{\sqrt{1-2\Delta\phi/c^2}}$$

と表すことができます。重力ポテンシャルが低いということは重力源に近いということであり、一般的にはそれだけ重力が強いところということになります。この効果はよく、重力が強いところほど時間がゆっくりになる、というようないい方をされます。これもいまでは、ジェット機やロケットで時計をはるか上空にまで運び、地上の時計と比較することによって確かめられている現象です。

重力による赤方偏移

さて、いまみてきたことはまた、重力によって光の振動数に影響があらわれることを意味しています。光は波（電

磁波）ですから時間的、空間的に山と谷をくり返しますが、そのくり返しが１秒間に何回あるかが振動数です。先ほどのＡ系とＢ系のあいだを伝播する光を考えてみましょう。Ａ系の位置（高いところ）に振動数ν（アルファベットのｎに対応する[48]ニューというギリシャ文字です）の光源をおき、その光をＢ系の位置（低いところ）で観測することを考えると、時間がゆっくり進むＢ系の観測者は、時間の遅れの因子の分だけＡ系におかれた光源を正規の振動数νより忙しく振動するようにとらえます。つまり観測される振動数は高くなります。

$$\nu_B = \frac{\nu}{\sqrt{1-2\Delta\phi/c^2}}$$

反対に、Ｂ系（低いところ）に光源をおいてＡ系（高いところ）でそれを観測することを考えると、Ａ系からみてＢ系は時間の進みが緩慢ですから、同じ因子の分だけこんどは振動が間延びしたように観測されます。振動数は低下します。

$$\nu_A = \nu \cdot \sqrt{1-2\Delta\phi/c^2}$$

このように、重力が強いところにある光源からでた光を、重力が弱いところで観測すると、振動数が低くなって観測されることを、重力による赤方偏移[49]といいます。この現象が重要なのは、私たちが遠くの宇宙の情報をほとんど光（電磁波）にたよって得ており、その光（電磁波）を放射している天体の多くが巨大な重力源だからです。

　この効果の検証がはじめにこころみられたのは太陽で

す。太陽は地球にくらべればはるかに強い重力源で、このあたりではもっとも深い重力ポテンシャルの谷をつくっています。しかしご存じの方も多いと思いますが、振動数が低下し、波長が長くなる赤方偏移という現象は、重力だけでなく波源の運動によっても引き起こされます（ドップラー効果）。太陽はじっと静止しておだやかに光を放っているのではなく、ガスを吹き上げたり爆発したりしながら自転しています。そんな太陽からやってくる光をつかって重力の効果を見定める最初のこころみはうまくいかなかったといいます。この効果の確証がはじめて得られたのは意外にも地上実験で、メスバウアー分光という原子核が放射・吸収する電磁波（ガンマ線）をつかった手法によって、先ほどの絵（図 13.1）にあった A 系と B 系のように高いところと地上とのあいだで、理論の予測通り、振動数がごくわずかにずれることが見出されました（1960 年）。

ブラックホール

はるか遠くから、質量 M、半径 R の天体をながめるということは、重力ポテンシャルが

$$\Delta\phi = \frac{GM}{R}$$

だけ低いところをながめるということです。重力による時間の遅れや赤方偏移の効果を表す$\sqrt{\cdots}$という因子の $\Delta\phi$ のところにこの式を代入すると

$$\sqrt{1-\frac{2\Delta\phi}{c^2}}=\sqrt{1-\frac{2GM}{c^2R}}$$

となります。このルートの中身が0になる半径

$$R_g=\frac{2GM}{c^2}$$

を重力半径あるいはシュバルツシルト半径といいます。このような半径をもつ物体（天体）は、時間が無限大に引き延ばされて凍結し、放つ光の振動数は0、つまりみようとしてもみることができません。$R=R_g$ という条件は、さかのぼってみれば、自由落下したL系が落ちつづけてその速さがついに光速に達してしまったこと（$1-v^2/c^2=0$）を意味しています。下りのエスカレーターを同じ速さで逆走しても一向に上っていけないのと同様に、光速で落下する座標系から上に向かって光を撃っても一歩も前へは進まないのです。

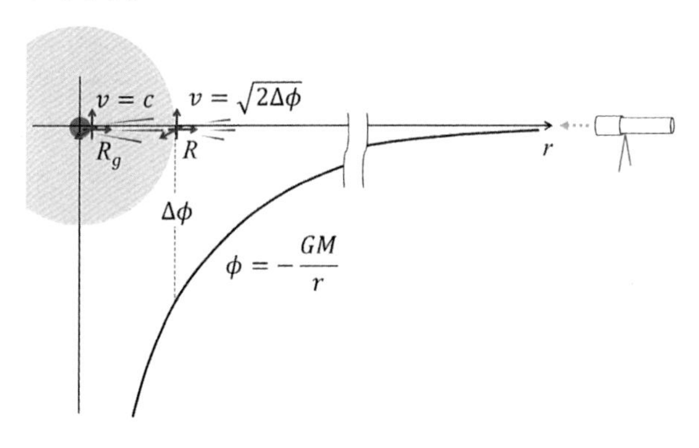

図 13.2　遠くから天体をながめる.

G と c はいずれも定数ですから、重力半径は物体の質量 M だけで決まります。地球の質量はだいたい 6×10^{24} キログラムであり、対応する重力半径は 9 ミリメートルです（$G = 6.7 \times 10^{-11}$ m^3/s^2kg と $c = 3.0 \times 10^8$ m/s をつかって計算してみてください）。対して地球の半径はおよそ 6,400 キロメートルですから、外から地球の姿がみえなくなることはありません。太陽の質量は 2×10^{30} キログラムで、重力半径は 3 キロメートル、太陽も実際には半径 70 万キロメートルほどに広がっていますから、太陽もみえなくなることはありません。ところがこの広い宇宙にはいろいろと不思議なものがあり、たとえば中性子星とよばれる天体は星全体が原子核のような密度をもっています。1 センチ角のサイコロが 10 億トンという地球上ではありえないような密度です。太陽と同程度の質量をもった星がこの密度で凝集すると、半径は 10 キロにまで縮まります。しかし重力半径は 3 キロですから、まだだいじょうぶです。それがさらに質量が大きくなり、自重によって重力半径以下にまで押し縮められると、いわゆるブラックホールという状態になります。

はじめ絵空事のように思われていたブラックホールですが、白鳥座の Cyg X-1 がおそらくこれがそうではないかということではじめて現実のものとして知られるようになります。Cyg というのは白鳥座ということで、X-1 というのは X 線を出す一番目の星ということです。何せ遠くから吸い込まれていく物体が光速になるほどのポテンシャル差があるわけですから、その落差によって最終的に強烈なエネルギーの電磁波が放射されます。X線はエネルギーが高く波長の短い電磁波です。中性子星もそうですが、一般に「コンパクト」と形容される高密度な天体はX線領域で明るく光ることが特徴です。Cyg X-1は近接連星系という、二つの天体がお互いのまわりを周回しているシステムであると考えられています。一方の姿はみえないのですが、もう一方の星からやってくる光にみられるドップラー効果から、みえないけれどもそこには太陽の十倍程度の質量をもつブラックホールがあるだろうと考えられています。いまでは、私たちのいる天の川銀河もふくめて、銀河の中心には軒なみ太陽の数百万倍から数億倍の質量をもつ巨大なブラックホールがあるのではないかと考えられているようです[50]。

[註]

46　等価原理をつかうと、局所的に重力の効果が打ち消された加速系をいつでも考えることができます。重力を慣性力によって相殺したそのような座標系を局所慣性系といいます。L系は局所慣性系です。

47　B系からL系をながめれば逆のことがいえるのではないかと考える人がいるかもしれませんが、等価原理のもとでは重力系を加速系と同等のものとみなしますから、A系やB系からみたできごとを特殊相対性理論をつかって考えることはできません（たとえ地球が自転していなかったとしても、重力があるかぎりA系やB系を慣性系とみなすことはできません）。一方、L系は重力が慣性力によってうち消された（局所）慣性系であり、そこからみた重力がうち消されている範囲のできごとは特殊相対性理論をつかって考えることができます（というのが等価原理の立場です）。

48　振動の数、ナンバー（number）の n です。

49　人間の眼が感受性をもついわゆる可視光のなかで振動数の低い光が赤い色をしていることから、振動数が低い側にシフトすることを赤方偏移といいます（高い側にシフトすることは青方偏移といいます）。振動数は光速を波長で割ったものなので、「振動数が低くなる」というかわりに「波長が長くなる」といういい方をすることもあります。

50　本章の執筆に際しては、内山龍雄著『一般相対性理論』（裳華房、1978 年）、および、江里口良治著『宇宙の科学』（東京大学出版会、1994 年）を主として参考にしました。

リベラルアーツ相対性理論

2024年10月5日　初版発行

著　者　安達弘通

発行所　学術研究出版
〒670-0933　兵庫県姫路市平野町62
［販売］Tel.079(280)2727　Fax.079(244)1482
［制作］Tel.079(222)5372
https://arpub.jp
印刷所　小野高速印刷株式会社

ISBN978-4-911008-74-4